建筑信息化服务技术人员职业技术辅

BIM 成本管控案例集

北京绿色建筑产业联盟
北京百高建筑科学研究院
同舟共济BIM创新学院
同舟共济建筑科技服务有限公司
组织编写

朱　兵　主编

中国建筑工业出版社

图书在版编目(CIP)数据

BIM 成本管控案例集 / 朱兵主编；北京绿色建筑产业联盟等组织编写. —北京：中国建筑工业出版社，2021.2

建筑信息化服务技术人员职业技术辅导教材

ISBN 978-7-112-25782-9

Ⅰ. ①B… Ⅱ. ①朱… ②北… Ⅲ. ①建筑工程—成本管理—应用软件—案例—技术培训—教材 Ⅳ. ①TU723.3-39

中国版本图书馆 CIP 数据核字（2020）第 267412 号

随着国家造价管理制度的改革以及 BIM 应用的不断深入，BIM 在建设项目成本控制的应用越来越得到行业的重视，对 BIM 成本控制的案例研究也提升了日程。本书着重从应用案例角度，整理出 11 个项目实战应用，涉及居住建筑、公共建筑、装配式建筑和 EPC 项目等各个方面，每个案例包含“项目概况”“业主背景描述及对 BIM 成本管控的基本理念和要求”“项目实施的 BIM 成本管理与成果”“项目实施 BIM 成本管控实践过程”“经验总结和展望”等 5 个模块，有助于行业人士全面了解 BIM 成本管控的应用能力，提升自身对项目成本的动态控制和全生命周期的成本控制能力。

本书可作为高等院校工程建设相关专业课程的配套教材，也可供 BIM 技术人员参考学习。

责任编辑：封　毅　毕凤鸣
责任校对：焦　乐

建筑信息化服务技术人员职业技术辅导教材
BIM 成本管控案例集

北京绿色建筑产业联盟
北京百高建筑科学研究院
同舟共济 BIM 创新学院
同舟共济建筑科技服务有限公司
组织编写

朱　兵　主编

*

中国建筑工业出版社出版、发行(北京海淀三里河路 9 号)
各地新华书店、建筑书店经销
北京红光制版公司制版
北京建筑工业印刷厂印刷

*

开本：787 毫米×1092 毫米　1/16　印张：10½　字数：246 千字
2021 年 6 月第一版　2021 年 6 月第一次印刷
定价：**49.00** 元
ISBN 978-7-112-25782-9
(37047)

本书编委会

编委会主任　陆泽荣　朱　兵

主　　　审　尹贻林

主　　　编　朱　兵

编委会成员（排名不分先后）

乔　良　李伟涛　张　晓　刘兴昊　李鹏程　王　霄

苗智慧　张　冉　何济源　范东利　谷振源　郝建军

屈　皓　邢俊楠　范存磊　刘　冬　朱韵怡　范　涛

邵思奇　严冬武　窦耀森　屠祺骏　殷晓虎　陈　江

曹培才　王廷先　马　兰　王召正　徐任远　胡霞滨

徐思敏　郑倩芳　竺　磊　陈海翔　李　静　豆慧杰

崔帅兵　郭振博　李国军　蒋成杰

参 编 单 位（排名不分先后）

同舟共济 BIM 创新学院

同舟共济建筑科技服务有限公司

上海同术建筑工程顾问有限公司

山东智汇云建筑信息科技有限公司

山西嘉盛工程咨询有限公司

华昆工程管理咨询有限公司

内蒙古东煜工程咨询有限公司

四川开元能信工程管理有限公司

蓝茵建筑数据科技（上海）有限公司

江苏无锡二建建设集团有限公司

源海项目管理咨询有限公司

浙江育才工程项目管理有限公司

公正工程管理咨询有限公司

辽宁科技大学

舜元建设（集团）有限公司

前　　言

自 BIM 技术诞生以来，它被视为建筑行业全面性和革命性的技术手段而备受重视。随着 BIM 技术的普及成熟，其对建筑业变革显示出越来越强的力量。近年来，随着国家政策的导向以及市场方面广泛的需求，BIM 呈井喷之势地蓬勃发展起来，在国内建筑行业的应用越来越多、越来越广泛。

建设工程项目管理已经逐渐进入到全寿命周期和精细化管理的阶段。传统的工程造价管理，建设各方对过程控制并不重视，导致结算完成时施工单位与业主就造价问题时常纠缠不清。因此，造价的动态控制和全生命周期的成本控制是工程成本管控未来的方向。建筑信息模型技术（BIM）可形成一个基于三维模型的数据库，将建设项目从数据简单的二维横向关联，变成多维的网状关联，可视化的 4D 模型实现了工程数据动态的联动，因此能及时有效地在建设项目全生命周期和过程控制中实现动态调整，显示出 BIM 在建设项目成本控制中具有较强的应用价值。

但在国内的 BIM 实践中，成本管理应用的案例相对设计、施工应用案例比较少，主要原因在于基于 BIM 的实物量计算模式和传统的定额计算模式存在着一定的不匹配，以及现有国内造价技术人员对 BIM 技术应用能力的不足等。而随着国家造价管理制度的改革以及 BIM 应用的不断深入，BIM 在建设项目成本控制中的应用越来越得到行业的重视，对 BIM 成本控制的案例研究也提上了日程。本书着重从应用案例角度，整理出 11 个项目实战应用，涉及居住建筑、公共建筑、装配式建筑和 EPC 项目等各个方面，每个案例包含“项目概况”“业主背景描述及对 BIM 成本管控的基本理念和要求”“项目实施的 BIM 成本管理与成果”“项目实施 BIM 成本管控实践过程”“经验总结和展望”等 5 个模块，有助于行业人士全面了解 BIM 成本管控的应用能力，提升自身对项目成本的动态控制和全生命周期的成本控制能力。

本书可作为建筑信息化服务技术人员职业技术辅导教材《BIM 成本管控》的配套教材。

《BIM 成本管控案例集》编委会

目　录

【案例 1】基于 BIMS 协同管理平台成本管控

——济南中垠广场项目

乔　良

山东智汇云建筑信息科技有限公司　山东　济南　250000

摘　要：随着建筑业经济快速发展，传统建设管理普遍存在效率低下，管理者只注重事后控制，不重视事前预测、计划和事中检查、调整，忽视质量成本和工期成本等问题，而BIM 技术作为建筑行业变革的新技术能很好地帮助企业进行精细化管理。本文围绕济南中垠广场项目展开叙述了基于 BIM 的成本控制管理，利用 BIM 技术提前解决设计图中的错、漏、碰、缺及净高不足等问题，提升设计质量，减少后期变更，控制成本；搭建全生命周期 BIMS 协同管理平台，为各方建设主体提供协同工作的基础，以模型承载数据，实现对现场质量、安全、成本、进度、变更等进行精细化管理，提高生产效率、节约成本和缩短工期，沉淀过程管理大数据，降低项目全过程中的成本，为企业获取最大利润。

关键词：数字化；四级协同管理；成本平台管控

一、项目概况

济南中垠广场项目位于山东省济南市高新开发区，基地正对济南会展中心广场，西靠舜华路北接工业南路城市主干道，总占地面积 43346.5m²。其中地上建筑面积 229736.45m²，地下建筑面积 91656.36m²。包括一栋 138.8m 高层办公楼、一栋集中商场、一栋高层商务办公楼及三栋高层公寓并辅以相关配套停车、设备、物业及休闲等（图 1-1）。

图 1-1　济南中垠广场

二、业主背景描述及对 BIM 成本管控的基本理念和要求

济南中垠广场项目业主为中垠地产有限公司，该公司是兖矿集团有限公司全资子公司，项目开发类型以公寓、住宅及商业项目为主。该公司一直以来致力于采用新技术攻破传统建设难关，提高集团级的整体管理水平，于 2016 年开始在重点项目、区域公司使用 BIM 技术。前期主要基于 BIM 技术解决图纸错、漏、碰、缺问题，提高设计质量；以 BIM 施工深化指导现场施工，解决工地现场实际问题。2018 年中垠地产公司着重发展信息化建设，开发了公司级全生命周期 BIMS 协同管理平台，用数字化手段辅助项目协同管理，进一步进行成本管控，快速准确获取工程量信息，实现采购清单精准化、文档管理无纸化，提高施工质量，控制施工进度，缩短工期，应用信息化平台成功替代以往的人工工作。

对于项目成本控制而言，建设单位如何采用 BIM 技术、BIM 理念更好地进行成本管控，必须首先要明确成本管控的主体，要分析和理解成本管控的范围和目标，同时还需要掌控 BIM 技术的特点和优势，然后将 BIM 技术、BIM 理念与成本管控需求紧密融合，才能最大化地发挥 BIM 技术的优势，实现更高效的成本管控，逐渐向全过程、数字化、信息化、可视化的成本管控目标迈进。

济南中垠广场作为中垠地产 BIMS 协同管理平台的首个试点项目，率先实现总部一分公司一项目一参建方四级 BIM 协同管理，探索在公司范围内的 BIM 全生命周期的应用。其 BIM 成本管理理念也将逐步强化，以 BIM 模型为唯一数据源，指导设计、施工中成本管理。

三、项目实施 BIM 成本管理理念

项目成本管控是一个动态的管理工程，BIM 模型融合时间、进度、成本，这种集工程量、进度、造价为一体联动的 BIM 模型，不仅能实时统计工程量，还能将建筑构件的 3D 模型与施工进度的各种工作相链接，动态地模拟施工变化过程，实施进度控制和成本造价监控。

建设工程项目的成本管控 80%决定于设计阶段，故将成本管理工作前置尤为重要。BIM 工程数据是成本管理的基础数据，通过各阶段 BIM 模型快速提取其工程数据，为成本管理提供可靠数据支撑。故在方案和施工图设计阶段，建设单位已经要求 BIM 咨询单位在设计阶段即开始介入 BIM 技术。

（1）在设计阶段采用 BIM 技术进行前期策划决策工作，对整个项目工作内容进行科学分析、三维协同，在控制建设投资方面综合考虑进行设计，减少各专业间的错漏碰缺，消除不合理设计和弥补修改设计隐性缺陷。

（2）利用 BIM 技术快速统计的特点，与传统算量模式互为补充，快速、准确测算，及时对设计成果进行统计分析，确保限额设计的顺利实现。

（3）在成本管理阶段，平台与中垠现有 EAP、ERP 等系统打通，付款节点与合同、进度、质量联动，通过平台自动生成进度产值，发起付款申请，严控每一笔付款，防止超付、延付，真正地做到向管理要效益。

（4）验证施工组织方案模拟，确保施工组织紧凑、有序，减少工序交叉产生拆改的成

本管控风险。

（5）通过平台做好现场质量、安全、进度、成本管控，确保施工过程安全规范，实现数字化管理，提高项目的效率，提升项目品质，保证项目工期。

（6）竣工结算阶段，提供三维可视化的竣工资料。

四、项目实施BIM成本管理与成果

（一）项目组织

本项目为房地产开发项目，业主组织架构与传统开发项目组织模式相似，如图1-2所示。该项目BIM业务由山东智汇云建筑信息科技有限公司（以下简称“智汇云BIM咨询单位”）为总牵头单位，在项目层面，BIM总牵头单位充当联系和协调业主与各参建方的纽带，专职辅导开展本项目整体BIM工作策划、标准制定、模型搭建与优化、实施管理、协调、审查施工过程中各单位BIM成果和最终交付竣工模型。各层级人员职责如表1-1所示。

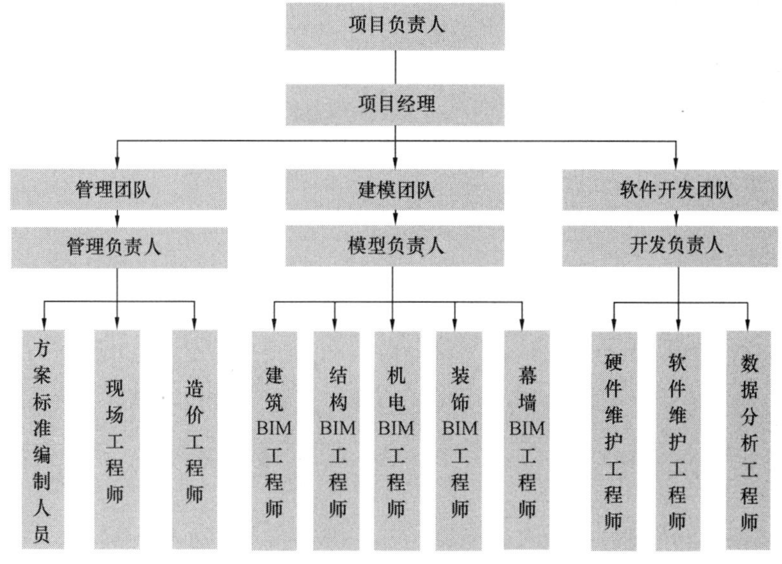

图1-2　组织架构

各层级人员职责　　表1-1

岗位层级	职责
项目负责人	按时优质地领导项目小组完成全部项目工作内容，负责BIM工作进度管理与监控；组织、协同人员进行BIM相关工作，负责对外数据接收或交付，配合业主及其他相关合作方检验并完成数据和文件的接收或交付
项目经理	协助项目负责人开展项目管理工作，参与项目实施策划、现场组织与协调，参与BIM项目策划，制定BIM工作进度的管理与控制；建立并管理BIM团队，确定人员职责与权限，并定期进行考核、评价和奖惩；负责设计环境的保障监督并协调IT服务人员完成项目BIM软硬件及网络环境的建立；确定项目中的各类BIM标准及规范

续表

岗位层级	职责
管理团队	负责项目 BIM 策划、标准制定，并进行项目运行的协调管理，负责信息和文档管理，现场组织与协调以及对工程量、材料统计审查提交优化建议。管理团队包含方案、标准编制人员、现场工程师以及造价工程师等
建模团队	按照 BIM 标准建立各专业模型，碰撞检查与综合优化；检查与整理施工过程各分包单位的模型；进行施工模型维护，形成竣工模型。模型团队内包含模型负责人、建筑 BIM 工程师、结构 BIM 工程师、机电 BIM 工程师、装饰 BIM 工程师以及幕墙 BIM 工程师等
软件开发团队	负责协调管理平台的部署、开发、调试、维护等工作。BIM 协同团队包含硬件维护工程师、软件维护工程师及数据分析工程师

项目从设计阶段即开始介入，由智汇云 BIM 咨询单位建立完整的、能指导施工的 BIM 数字模型，并在项目施工过程中不断更新维护并实际运用于指导施工全阶段，达到提高工程质量、有效控制工期、辅助降低成本、方便项目管理的目的。为保证项目 BIM 应用可以取得良好的效果，制定了相关的项目实施流程（图 1-3）。

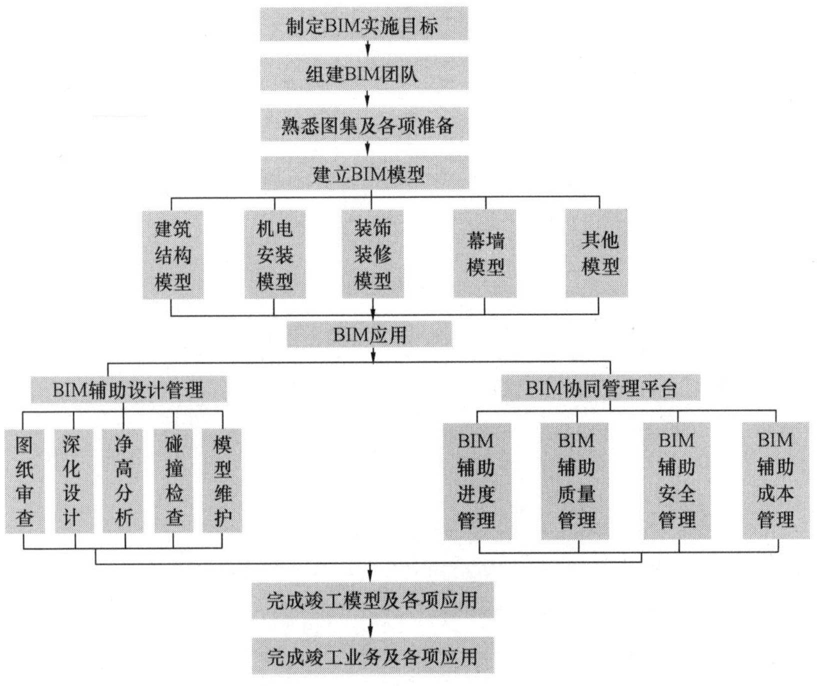

图 1-3　项目实施流程

（二）主要应用

在完善的项目实施流程下，截至 2020 年 8 月 BIM 咨询已经完成和正在进行的 BIM 主要应用过程如下：

1. BIM 实施方案及执行标准的编制

项目实施初期，由 BIM 咨询单位拟写和提请，业主单位审核并通过了《济南中垠广场建设项目 BIM 实施方案》和《济南中垠广场建设项目 BIM 执行标准》。

其中，在实施方案中明确了项目实施目标，BIM组织架构及流程和BIM应用实施管理细则、BIM模型实施内容，项目人员职责安排；项目BIM执行标准文件则明确规定了项目BIM实施过程中从建模样板到构件命名到色彩管理、深化的规则等都统一约定，最终形成的标准模型便于上传BIMS协同管理平台及后续的项目管理工作；故在整个项目施工过程中，BIM咨询单位所有BIM相关工作均严格依据此两份文件执行。

2. 各专业BIM施工模型的搭建、深化和维护

智汇云BIM咨询公司根据设计方案及设计图建立各专业相应的BIM模型，完成前期各区域楼宇的建筑、结构、机电基础模型，后续对模型各专业进行深化，解决设计中的不足，提升设计质量，深化后的模型用于指导施工，施工过程中遇到的问题及时反馈设计院且对模型进行实时维护，使模型持续对施工起到指导作用并保持与施工实际现状一致（图1-4～图1-6）。

图1-4　济南中垠广场建筑结构模型

3. 全生命周期BIMS协同管理平台运用

根据项目特点，搭建全生命周期BIMS协同管理平台，将项目业主、设计、总包、分包、监理、项目管理、造价咨询等各参与方协同到这同一个平台办公，针对具体问题可据于同一个模型进行零距离沟通，以及利用平台中模型轻量化、质量、安全、成本、变更管理、文档管理等功能，解决项目实施工期把控、项目问题闭合、项目协调工作、设计变更控制、项目数据沉淀等重难点问题，借助BIM、GIS、大数据、人工智能等新一代信息技术进行精细化管理，沉淀过程管理大数据，辅助企业管理层的宏观决策，提高房地产企业核心竞争力。

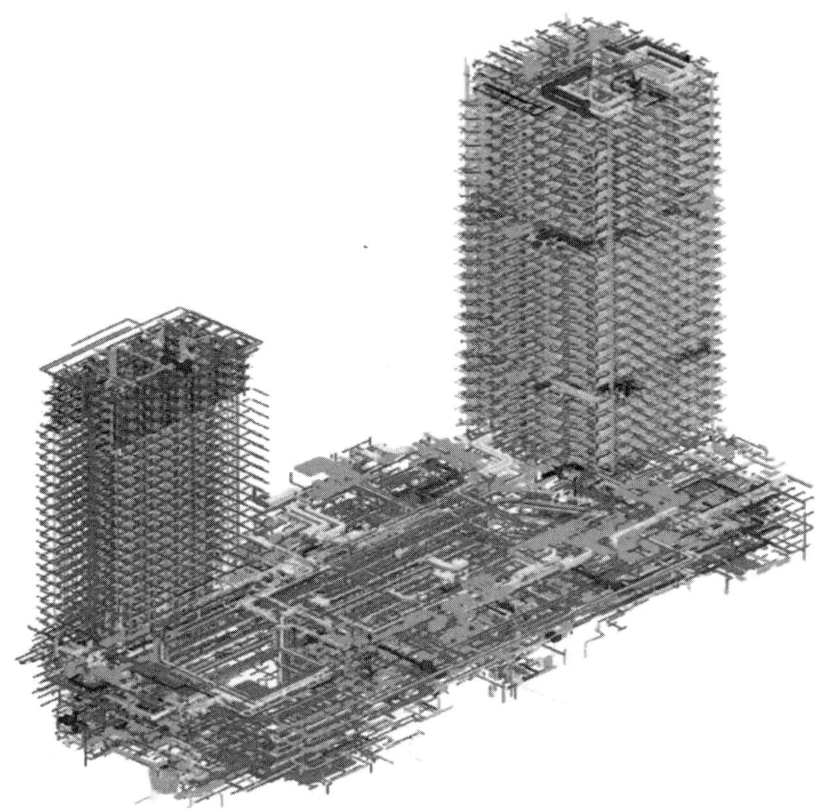

图 1-5　5 号、6 号、7 号办公楼机电模型

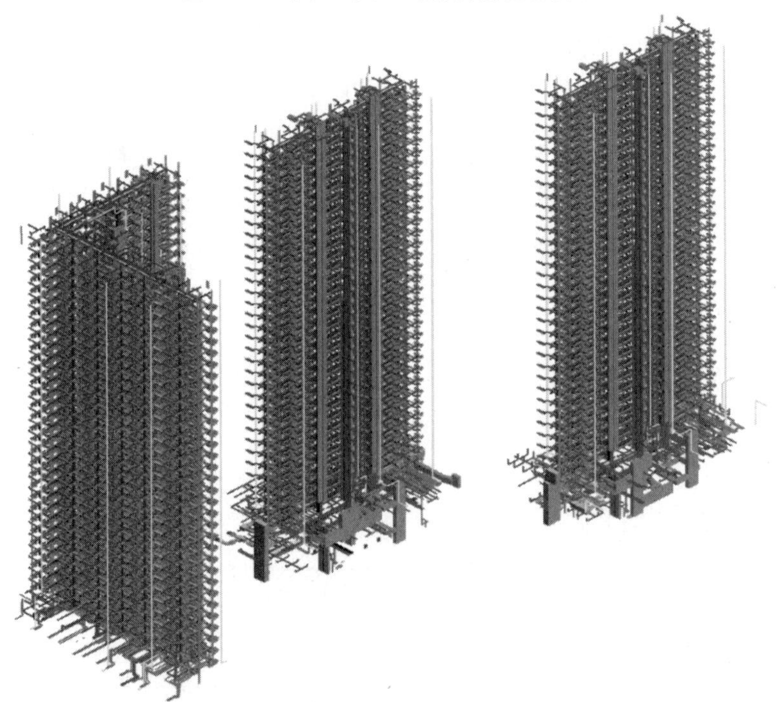

图 1-6　1 号、2 号、3 号公寓楼机电模型

（三）具体实施细节

在项目实施过程中根据上述BIM应用的三大主要重点工作，具体实施细节如下：

1. 图纸审查

设计阶段建模人员对设计图纸各专业进行建模，过程中对方案版、报审版、施工版图纸进行审查，查找出图纸设计详图不全、标注矛盾、专业碰撞等问题共850多条。其中重大问题占13%，一般错误占30%，图面问题占57%，累计减少变更、返工达150多项。图纸审查问题按规范、标准进行记录并经BIM负责人复核完成后提交业主及设计院进行沟通。同时，三维模型的建立有利于在各方交流过程中，通过可视化方式提高各参与单位图纸会审的效率。

成效：通过图纸审查减少施工前的各专业冲突，优化减少设计方案错误，提高施工过程中协同效率来节约工期；先通过设计阶段对方案优化，减少方案变更，缩短工期；再通过BIM强大的数据能力、技术能力和协同能力，整合项目资源，节省工期。

仅此一项，BIM技术应用的投资回报率就非常高，济南中垠广场投资约10亿元，若按1%贷款月息计算，延迟一天工期仅财务成本就30万元左右。经测算BIM技术带来的隐性工期可提前约30天，仅财务成本便可节约近900万元。

2. 管线综合、净高分析

深化小组将建筑、结构、机电等各专业的模型进行整合，根据规范对机电设备和管线进行综合布置并调整，有利于提前解决专业间的碰撞问题和净高不足问题，根据碰撞报告结果对管线进行调整、避让，减少施工前的各专业冲突，优化设计方案，提升整体项目质量；减少返工开洞等，提升工程质量；通过机电排布方案优化提升层高净高，大幅度提升工程品质（图1-7）。

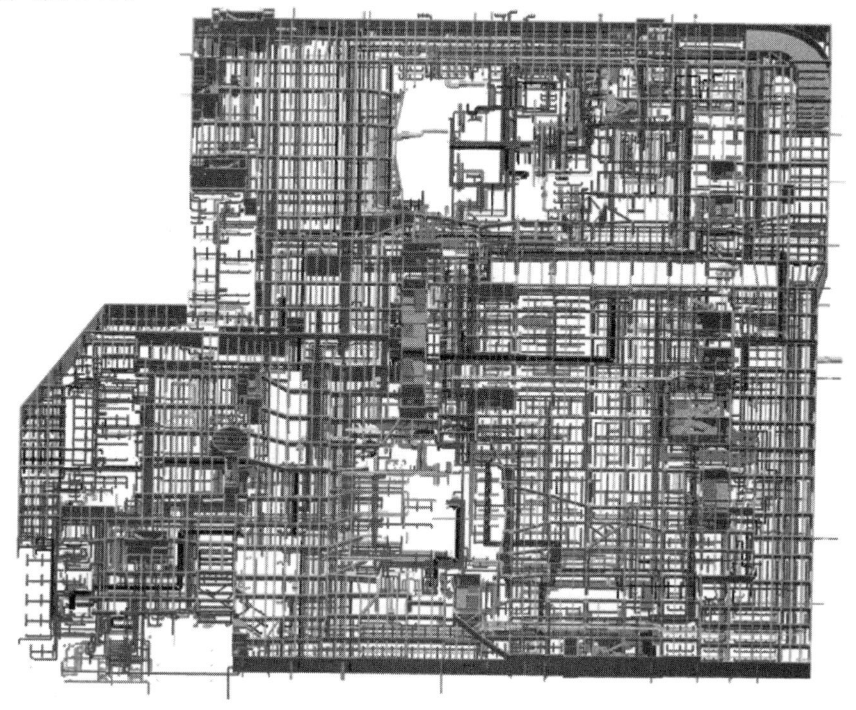

图1-7　管线综合优化

1）复杂问题1描述：原设计此处净高不满足要求，图纸设计净高要求为3.6m，门高为2.7m，不满足垃圾车通行要求（图1-8）。

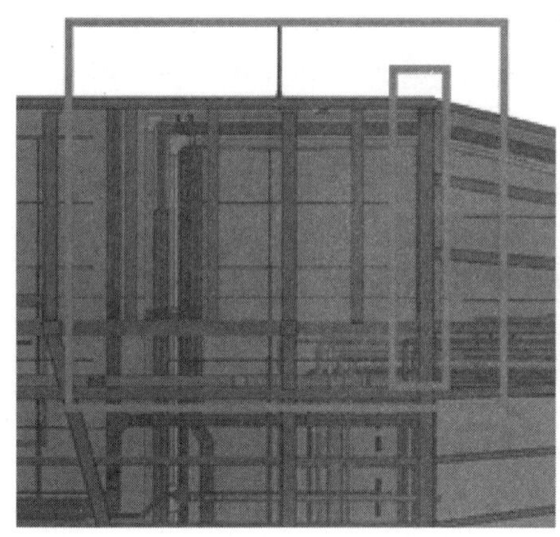
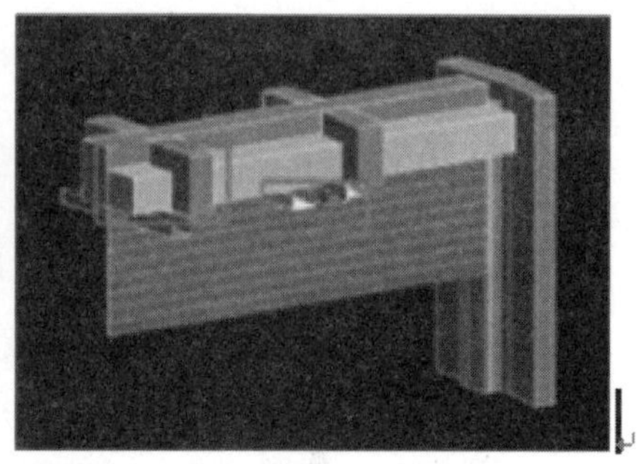

图1-8　复杂问题1

解决方法：经过结构承载力论证，将Y向梁加密，取消了X向梁。

2）复杂问题2描述：此处梁尺寸300mm×700mm，梁下净高3.05m。此处风管尺寸为2700mm×1400mm，完成面净高不足1m（图1-9）。

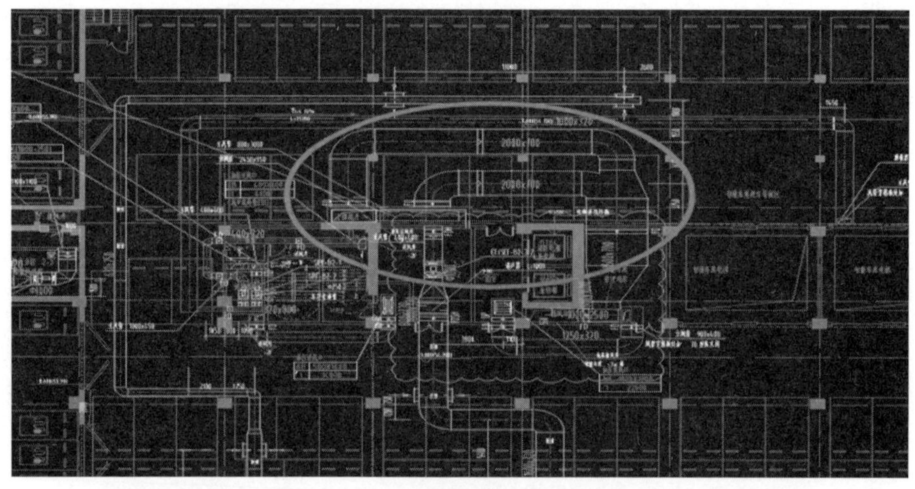

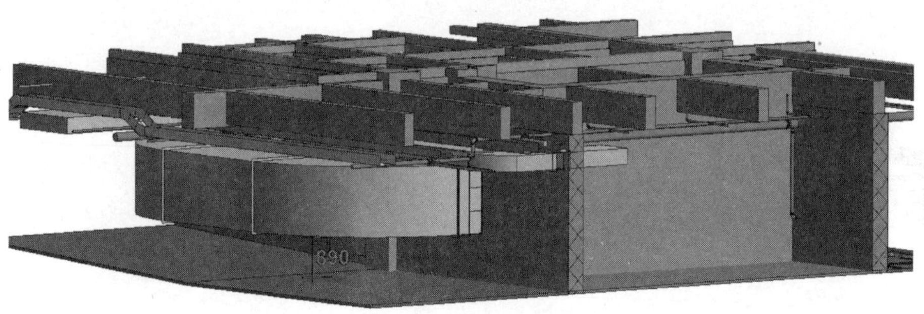

图1-9　复杂问题2

解决方法：变更风管尺寸。

效果：本项目机电深化和管线综合优化后，以设计方案为基础、施工标准为依据，对设备管线进行综合优化，为业主、设计单位提供装修方案进行参考。据统计，通过对管线综合优化，本项目净高累计优化率高达80%，解决设备管线与结构间的碰撞率约为35%。其中地上部分中区及高区走廊原设计净高2.75m，优化后可达3m，车库重点通行区域，原设计管线安装后高度为2.9m，经优化高度为3.4～3.6m，车库其他部位经调整管线排布规则，采取贴墙布置，保证了车库大空间内视觉效果。净高的提高对于业主单位隐形效益的增加显而易见。另外，科学合理的机电管线排布还有助于提高设备运转效率，一方面提高居住舒适度，一方面节约了设备能耗，这些效益无法估算。

3. 土石方工程量测算

利用BIM对土方工程施工仿真模拟，在土方模型基础上建立土方机械模型（挖掘机、运土车等），用模型模拟单位运土车的土方倒序铺设，制作土方施工方案，得出现场车辆运行路线和路线碰撞等预知信息，在此基础上验证方案合理性并不断优化施工方案，直观有效地开展土石方的挖运分析，做到土方平衡计算的精确化和精细化，节约解决争议的时间，对项目成本管控发挥重要作用。

4. 搭建全生命周期BIMS协同管理平台

因本项目的复杂性，项目管理难度较大，为确保项目管理不失控，协同能力的提升非常重要。本项目为包含建设单位、设计单位、监理单位、总包单位、分包单位在内的主要参建单位提供了中垠地产BIMS协同管理平台，各方利用此平台有效地辅助了项目的质量、安全、进度和资料管理，提高了管理质量和协同效率。

1）质量、安全全程记录上传

依托平台与手机端的任务联动，参建各方人员在施工现场发现问题后，通过手机端进行问题的拍照上传，同步派发管理任务。现场问题经工程管理方确认后，在工作计划中增加问题整改任务，并明确整改人和整改时间。待整改人完成问题整改，将问题整改情况同部位拍照上传后，经管理方确认，完成问题整改归零。工程施工过程中，所有现场问题的处理痕迹均在平台中记录下来，所有相关人员都可远程查看现场质量、安全情况，便于后期问题追溯、查询（图1-10）。

2）进度实际完成情况记录

施工进度关系到整个项目交付的日期，因此尤为重要，本项目利用BIMS协同管理平台进行计划管控，依据施工工期设定施工计划，并按年、季、月、周四个层次，将施工进度计划逐级倒推、分解、细化至工作日，做到工程组织进度一目了然，各项工作以时间轴为坐标逐步推进。进度与计划任务挂接同时挂接BIM模型，通过计划任务的完成程度，让BIM模型中的构件以不同颜色呈现，模型反映情况与现场实际计划实时联动，为项目进度把控提供直观准确的基础信息（图1-11）。

3）成本管理

BIMS平台与中垠现用EAP、ERP等系统打通，内部管控的合同、供应商、工程量、成本、签证、变更等详细成本信息与平台无缝对接，全部成本信息汇集至平台，成为成本管控的综合平台。项目分业态进行统计分析，并与BIM管理模型紧密结合，现场人员输入开始、结束时间，系统可将此阶段时间内完成的工程量、价格直接汇总后形成计划产值

图 1-10　质量、安全问题管理

和实际产值。工程资金计划报送、变更签证审批、产值进度款审核、工程付款申请等都通过平台开展工作（图 1-12）。

4）变更签证线上审批

根据实际情况出具纸质变更签证单，并将发生的变更签证直接挂接到发生变更的部位。所有变更单电子化，通过平台进行审批，平台的所有人员可查看签证是否完成，这一

图1-11　进度管理

图1-12　成本管理

监督机制确保了签证的及时办理，提高流程审批效率（图1-13）。

5）施工日志记录

施工日志往往被忽视，但施工日志却是真实反映相关现场发生的相关数据，日志记录不仅能够帮助业主清点当天做了什么工作，更能为事后的查找提供便利。为了将项目现场实际发生的情况都能够进行记录，公司可以远程通过手机查看施工日志了解项目实施情况，平台设定标准施工日志模板，规定标准施工日志的格式、上传要求，要求施工日志中包括现场人工、机械、进度、照片等内容进行真实统计。

目前该施工日志格式、上传方式已经成为公司的样板，施工日志中每天记录的人材机消耗量数据后期可成为结算的参考依据和人材机消耗量分析依据。此外，施工日志上传到

图 1-13　变更流程管理

系统平台后，项目所有相关人员在任意地点、任意时间均可查看。施工日志已成为了解项目现场的途径，而不再是“摆设”。

综上平台成效：由于 BIM 模型提供了最新、最准确、最完整的工程数据库，所以众多的协作单位，可基于统一的 BIM 平台进行协同工作，大大减少协同问题，提升协同效率，降低协同错误率，缩短工期，节约成本。基于互联网的全生命周期 BIMS 协同管理平台更将 BIM 的协同价值提升了一个层级。

5. BIM 运维模型提升运维效率、大幅降低运维成本

在设计施工过程中，不断更新完善模型，形成一套优质的数字资产，对于重要建筑其生命周期可达百年，需要大额运维成本，据统计运维成本是建造成本数十倍。仅利用好竣工 BIM 模型的数据库，即可大幅度提升运维效率，降低物业运维成本。本项目设计、施工阶段使用 BIM 的最终目的是形成能为运维所用的 BIM 竣工模型，并将 BIM 竣工模型和后期运维平台相结合，随着基于 BIM 的运维平台应用的成熟，这方面会为业主带来巨大的经济效益。

6. 有效控制造价和投资

基于 BIM 的造价管理，可精确计算工程量，快速准确提供投资数据，减少造价管理方面的漏洞。

通过 BIM 技术支撑（如深化设计、碰撞检查、施工方案模拟、BIM 平台数字化管理等），减少返工和废弃工程，减少变更和签证，控制成本。这几个方面都将大幅提升业主方的预算控制能力，大部分项目利用 BIM 技术至少可节约造价 4%以上。

该项目基于 BIM 管线综合的成果，辅助了抗震支架的深化设计和清单计算，有效降低了抗震支架的招标控制价，在原计划基础上降低了 300 万元成本。另外，目前 BIM 优化图纸百余张，解决土建专业与安装专业间存在碰撞 485 处，机电各专业间存在碰撞 12800 处。经过安装专业各工程师多次严密筛选，最终共发现土建专业与安装专业间存在有效碰撞 285 处，机电各专业间共存在碰撞 7850 处。

通过运用BIM技术解决上述碰撞，减少了后期开凿的二次破坏及大量洞口的封堵，如果因碰撞造成的返工浪费按照200元/处计算（含人工费、材料费、机械费、措施费等），则可减少费用（285+7850）×200=1627000元；如果按照二次开洞费用为100元/个，则可减少费用485×100=48500元。保守测算，可量化节约成本为168.21万元。此外，还有不易量化计算的产值，如：发现图纸问题，减少设计变更；可节省项目工期约3周以上；通过组合吊架的运用可节约成本30%以上，节省人工费约40%，机械材料租运费约20%，以上保守估计可达百万元。

综上通过对BIM技术的应用，估算项目的投入值与产出值，计算出该项目BIM技术应用的效益值可大于20%，除此之外，该项目BIM技术应用也取得了较好的效益评价。

五、经验总结和展望

通过近几年BIM知识的学习、行业总结的实践经验以及项目实践经验可以得知，工程的成本管控重心并不只在结算阶段，真正的成本控制应将管理前置化，利用BIM技术能最大限度地解决这部分问题。业主作为建设项目最终的使用者，则是BIM应用的最大收益方。

目前很多业主方认为BIM技术对项目成本的影响仅仅停留在建安成本上，而实际项目建安成本在项目总成本中占比不到20%，对项目总成本影响不大，故选择让设计、施工方应用BIM，业主更关注的还是土地和财务融资，这是由于对BIM技术不够了解所致。业主方运用BIM技术，通过工期影响的是整个项目的总投资，有效地减少财务成本，提前竣工进入回报期。事实上业主方从BIM技术获益是施工获益的数十倍以上。

当前众多业主方项目数据积累较少，且在结构化、数据粒度方面都存在问题，很难实现数据的再利用。基于BIM的业主方项目管理可积累企业级的项目数据库，为后续开发项目提供大量高价值数据，便于加快新项目成本预测、方案比选决策的效率。因此为项目建立基于BIM的协同管理平台尤为重要，平台可加强各参建方的组织协调，实现材料电子化、现场数字化管控，降低项目管理成本。本项目BIM实施后所有数据都将保存于项目服务器中，为业主方后期形成企业级数据库提供基础和支持。

本文作者：

乔良　山东智汇云建筑信息科技有限公司董事长

山东绿色建筑与建筑信息化科研基地副主任

山东省BIM技术应用联盟常务理事

山东省三八红旗手

济南土木学会BIM专委会主任委员

人力资源和社会保障部青年就业创业导师

【案例 2】异形体育场馆建筑中的 BIM 技术应用

——全国第二届青年运动会射击射箭比赛场馆项目

李伟涛

山西嘉盛工程咨询有限公司　山西　太原　030000

摘　要：随着 BIM 技术发展，其应用价值已经由解决项目的技术问题向解决项目管理问题方向发展。本文介绍了全国第二届青年运动会射击射箭比赛场馆项目的 BIM 成本管控，包括管控过程、管控方法及关键技术。尤其重点分析对于造型特殊的异形体育场馆建筑，如何通过 BIM 成本管控提升项目精细化管理水平，有效控制造价和投资，提升建筑产品品质，增强项目协同能力。

关键词：异形体育场馆；BIM 技术；成本管控；信息协同

一、项目概况

全国第二届青年运动会（以下简称“二青会”）射击射箭比赛场馆项目位于山西省阳泉市郊区，规划用地 75250m^2，建设用地 49436m^2，总建筑面积 12954m^2，主要包括射击靶场、射箭比赛场、办公场所、运动员公寓、功能用房等配套设施，是目前山西省最大的射箭比赛靶场（图 2-1）。

本项目 2018 年 7 月 1 日开工，于 2019 年 6 月 13 日正式启用，作为承办全国第二届青年运动会射箭比赛的场地。国家体育总局副局长李颖川在阳泉市调研二青会设计比赛组织工作期间，对射击射箭馆建设给予了充分肯定。

图 2-1　二青会射击射箭比赛场馆

整个体育场馆建筑的造型以“弯弓”和展翅作为原型和灵感来源，具有造型复杂、异形结构为主、工艺难度高的特点。笔者作为本项目 BIM 技术负责人，通过 BIM 成本管控提升项目精细化管理水平。

二、业主方对 BIM 成本管控的目标

本项目运用 BIM 技术进行成本管控，缩短了项目建设工期，大幅降低融资财务成本，提升建筑产品质量，有效控制造价和投资，提升该项目协同工作能力，同时积累了项目数据。业主方对管控的目标包括以下方面：

（1）通过 BIM 技术应用，发现并解决设计缺陷，通过虚拟建造，预先规避实际施工中可能出现的返工浪费、工期拖延。

（2）通过 BIM 技术应用，进行设计优化。

（3）通过 BIM 技术应用，为项目全过程造价管控提供支持。

（4）通过 BIM 技术应用，为项目的信息协同管理提供技术支持。

三、项目实施 BIM 成本管理与成果

（一）BIM 成本管控的成果

本项目通过 BIM 技术与进度、成本管控相结合，实现 BIM 技术 5D 管理，精确计算工程量，快速准确提供投资数据，大幅提升业主方的成本管控能力。管控内容如下：

1. 通过虚拟建造实现图纸缺陷

本项目通过 BIM 技术应用，发现并解决设计缺陷，通过虚拟建造，预先规避实际施工中可能出现的返工浪费、工期拖延，实现本项目 BIM 成本管控。项目 BIM 模型于 2018 年 4 月完成创建，模型满足作为 BIM 技术信息平台应用的载体和 BIM 技术应用的基础。BIM 模型的创建基于的三维虚拟建造技术可有效解决本项目施工图中的重要图纸缺陷问题。通过对各专业 BIM 模型进行整合，利用基于云端的碰撞系统，可实现快速查找出各专业在空间上的碰撞冲突，并记录形成碰撞检查报告，辅助前期与设计沟通及管线综合优化排布。项目共核实碰撞点 4622 个，解决了大量施工隐患，例如在 2018 年 4 月 26 日项目图纸会审会议中，解决土建施工问题 35 项，解决机电安装问题 32 项。

2. 通过 BIM 技术应用，进行设计优化

本项目通过 BIM 模型多专业集成应用，针对施工图进行管线综合优化，在建设单位的组织下，多次召集建设、设计、监理、施工、造价五方评审，根据模型指导施工。项目分别于 2018 年 7 月 11 日、2018 年 8 月 11 日召开 BIM 技术管线综合研讨会，由建设单位、设计单位、施工单位、监理单位、BIM 咨询单位共同参加，综合考虑管线排布方案。BIM 技术团队综合项目各参建方的意见制定的管线综合方案，合理利用室内空间，保证吊顶高度，避免管线打架、返工怠工。该管线综合方案还得到了项目设计单位清华大学建筑设计研究院有限公司的设计负责人高度认可和签章确认。

3. 通过 BIM 技术应用，为项目全过程造价管控提供支持

本项目在 BIM 系统中，构建了基于建设项目的从施工图审查、招投标、合同备案、施工许可、综合执法到竣工验收备案的全生命周期信息链条。BIM 模型中包含的工程造价数据，实现项目各参建单位共享数据、项目各工程造价管控环节多次使用的“一模多

用”模式。在工程交易阶段，通过 BIM 系统提供的数据拟定招标文件和招标工程量清单，结合工程具体情况编制招标工程的最高投标限价；在建设施工阶段，施工单位的进度报量、工程签证及设计变更的汇总、造价工程师的进度款审核、建设单位的进度款审批均在 BIM 系统中进行；在竣工结算阶段，使用 BIM 系统在建设期内形成的造价工程数据进行工程款的结算，政府审计单位对工程造价的审计工作，在同一个 BIM 系统和数据库中进行。

4. 通过 BIM 技术应用，为项目的信息协同管理提供技术支持

本项目的 BIM 技术应用，构建了基于互联网、以项目为中心的建设期信息共享、沟通、写作工作和文档管理的多方工作平台，提升了信息管理的高效性、及时性、准确性和安全性。项目完成了对建设单位阳泉市住建局、施工单位山西省四建集团公司、监理单位山西维东监理公司、政府监管单位（质监站、安监站、审计局）等单位的 BIM 系统部署工作，将项目各参建方纳入 BIM 信息协同平台中，实现项目信息的共享和电子档案库的建立。通过 BIM 技术信息协同平台，在施工现场随时随地拍摄现场安全防护、施工节点、现场施工做法的照片，上传至系统中与模型相匹配，将现场质量安全问题记录备案，形成本项目现场施工缺陷问题库，结合规范要求进行阶段性总结，减少类似问题的出现。

（二）BIM 成本管控的具体实施

1. 本项目应用 BIM 技术，通过虚拟建造创建 BIM 模型

BIM 模型的创建是 BIM 技术应用的前提和基础，如何正确创建一个 BIM 模型，需要建模团队、质量审核团队甚至设计院等相关单位相互配合、沟通、协作。

工作流程如下：

1）建设单位提供并确认土建、安装等各专业的施工图纸（含电子版图纸）；

2）BIM 建模团队核对图纸，向项目部技术部门发出图纸疑问，并收集回复；

3）根据回复补充信息，建立和完善 BIM 模型。

BIM 建模流程如图 2-2 所示。

BIM 模型完成并组织内部评审后、上传 BIM 系统进行实际应用前，需要对模型的整体情况向项目各参建单位进行全面的、可视化的交底，为 BIM 模型的应用尽可能地扫清技术层面障碍。BIM 的应用价值之一就是 4D 可视化，通过 BIM 模型的可视化交底，让复杂的空间问题简单化。BIM 模型交底具体流程如图 2-3 所示。

工程中不可避免的设计变更，要求 BIM 模型要不断地修正完善，让模型的使用者在第一时间得到修改后的模型，这样 BIM 模型才能充分发挥价值，同时也为变更结算、施工指导、运维资料输入等做好准备工作。BIM 模型变更具体流程如图 2-4 所示。

本项目通过 BIM 虚拟建造技术应用，进行设计方案优化、施工方案三维预演、可视化交底、异性构件预制，提升整体项目质量，避免返工浪费，缩短施工工期，提高成本管控水平。

在屋顶钢结构施工过程中，屋面整体呈“反弯弓”流线型造型，导致屋顶挑檐及连廊部分铝板尺寸全部为非标准尺寸，通过 BIM 技术模拟钢结构构件加工、放样、安装，异性构件在工厂一次性成型，现场一次性安装，施工无误，零返工，达到设计效果的同时，缩短了工期（图 2-5）。

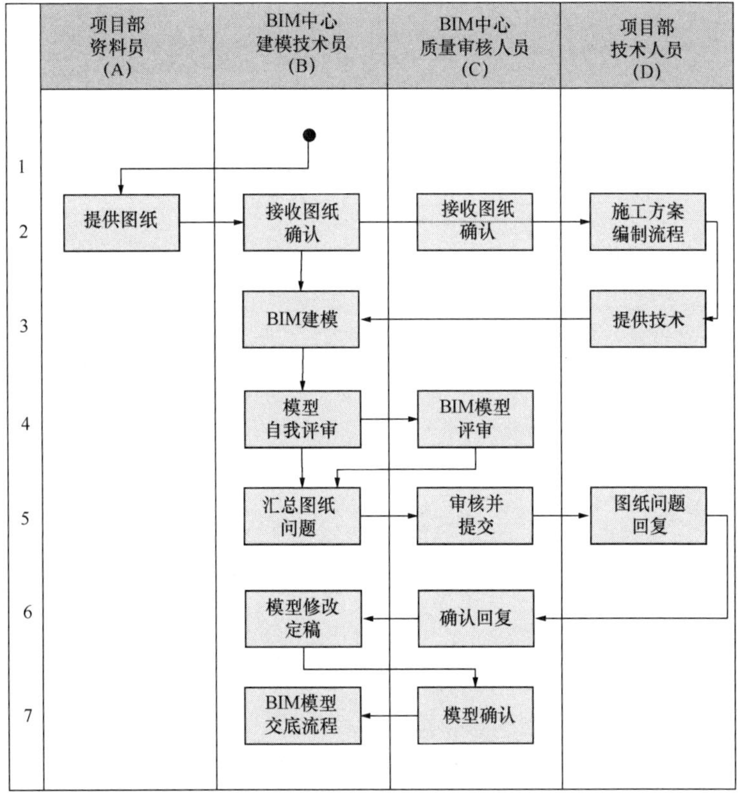

图 2-2 BIM 建模流程

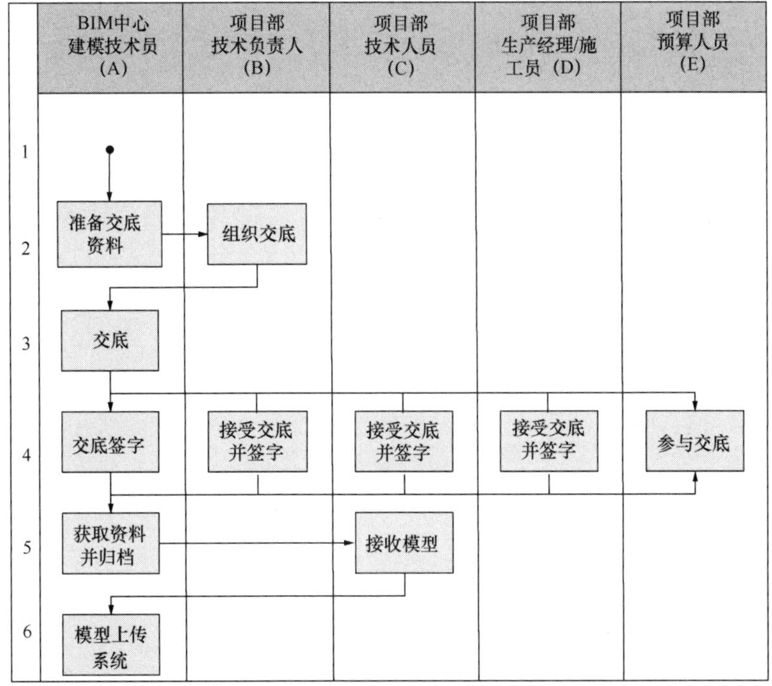

图 2-3 BIM 模型交底流程

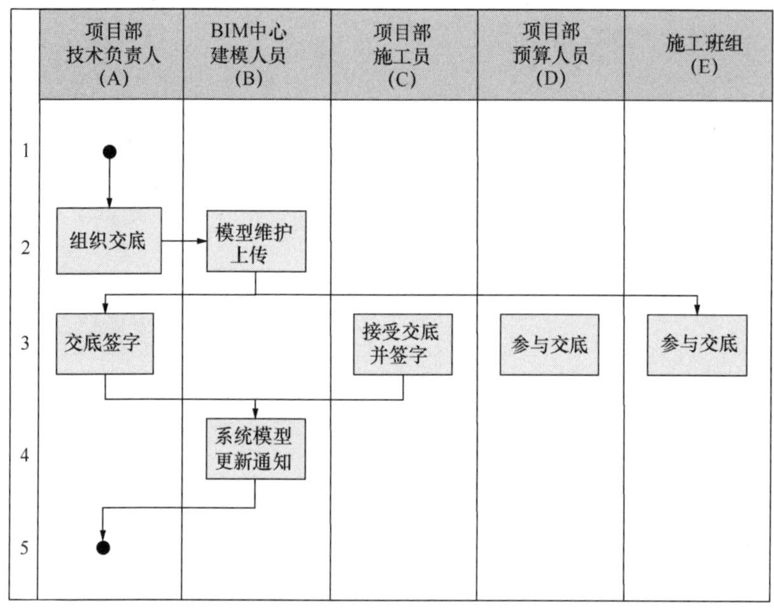

图 2-4　BIM 模型变更维护流程

图 2-5　“反弯弓”桁架流线型屋面

2. 通过 BIM 技术应用，进行设计优化

各专业 BIM 模型创建审核完成后，机电项目施工前，对各个专业进行空间碰撞检查，提前发现问题。针对问题，反馈设计部门。按照最新修改的图纸，维护模型，重新碰撞，结合现场实际施工方案，在技术人员的指导下，做管线综合优化。

工作流程如下：

1）完成专业 BIM 建模，输出碰撞文件；

2）BIM 机电工程师进行云碰撞，对碰撞结果进行筛选；

3）对管线进行综合排布，提出解决方案；

4）技术负责人、技术总工将管线综合排布方案发业主方、设计方确认。

碰撞检查流程如图 2-6～图 2-8 所示。

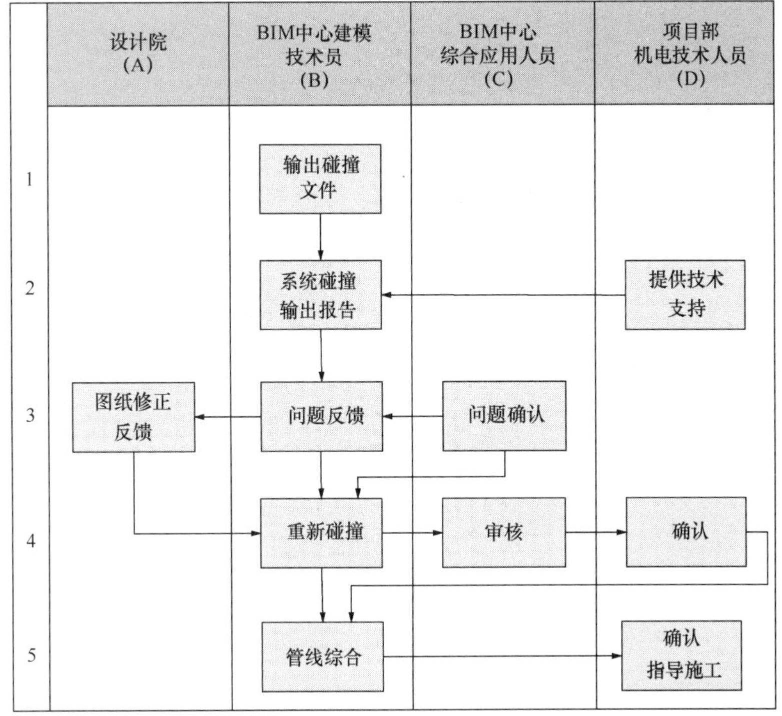

图 2-6　碰撞检查流程

图 2-7　管线综合排布三维方案

3. 通过 BIM 技术应用，为项目全过程造价管控提供支持

建立数据细度达到构件级的工程 BIM 模型，是解决造价全过程管理方案的关键基础。BIM 技术实现自动化精确的工程量计算分析，形成结构化的数据库，为全过程的快速、精细化造价管理提供了强大支撑。BIM 模型质量的高低，对 BIM 应用、共享、协同管理

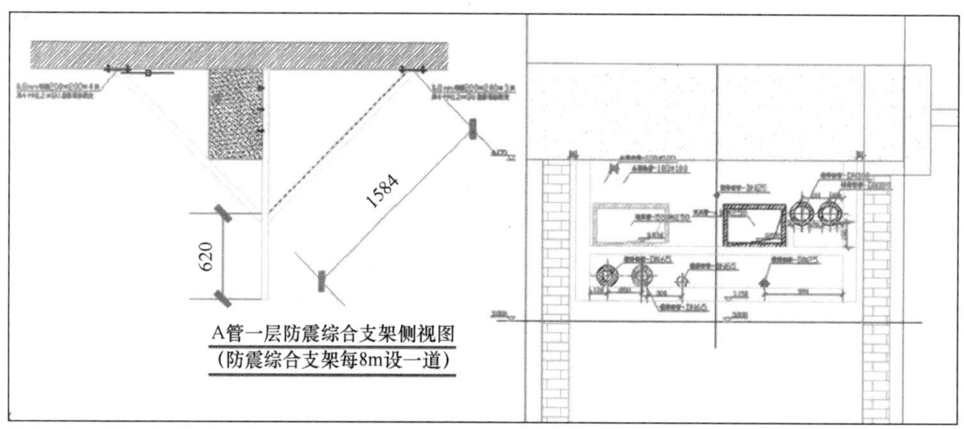

图 2-8　管线综合排布综合支吊架方案

的效果，有着决定性的影响。BIM 模型中，构件几何尺寸、标高的定义，影响工程量数据的准确；空间位置、结构标高的定义，影响配置检查的结果等。因此，必须要确保 BIM 模型的精准度，使误差控制到允许的范围内。

BIM 模型质量审核流程图如图 2-9 所示。

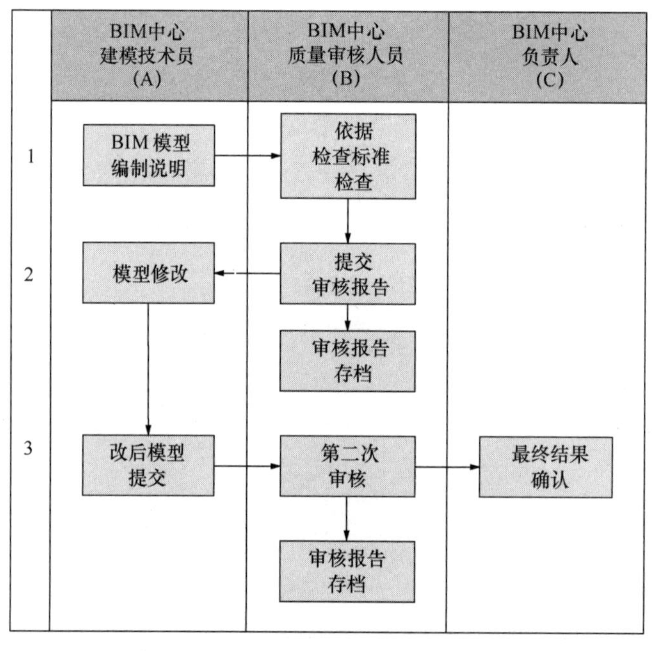

图 2-9　BIM 模型质量审核流程

在招投标阶段，快速准确编制清单、编制投标造价。根据 BIM 技术团队提供的包含丰富数据信息的 BIM 模型，建设单位可以在短时间内调出工程量信息，结合项目具体特征编制准确的工程量清单，有效地避免漏项和计算错误等情况的发生，为顺利进行招标工作创造有利条件。将工程量清单直接载入 BIM 模型，建设单位在发售招标文件时，可以将含有工程量清单信息的 BIM 模型一并发放到拟投标单位，保证了设计信息的完备性和连续性。由于 BIM 模型中的建筑构件具有关联性，其工程信息与构件空间位置是一一对应的，投标单位可以根据招标文件相关条款的规定，按照空间位置快速核准招标文件中的工程量清单。

在施工阶段，运用 BIM 技术进行项目的动态成本分析。将最前沿的 BIM 技术应用到建筑行业的成本管理当中是行业一大趋势。只要将包含成本信息、进度信息的 BIM 模型上传到系统服务器，系统就会自动对模型进行解析，同时将海量的成本数据进行分类和整理，形成一个多维度的、多层次的、包含多维图形的成本数据库。

在进度款支付管理方面，传统模式下，建筑信息都是基于 2D-CAD 图纸建立的，工程基础数据掌握在分散的预算员手中，很难形成数据对接，导致工程造价快速拆分难以实现，工程进度款的申请和支付结算工作也较为烦琐。

本项目的 BIM 成本管控过程中，运用具有构件级颗粒度的 BIM 模型，将各类数据以 BIM 的构件为载体进行存储、分析应用。根据工程进度的需求，选择相对应的 BIM 模型进行框图数据调取，被选中的构件进行数据的分类汇总统计形成“框图出量”。本项目采用固定单价合同，建设过程中综合单价数据不进行调整，动态的产值变化随不同阶段的工程量变化而变化。因此，在 BIM 模型的基础上加入综合单价的工程造价分析元素，就可以对进度款项进行确认，实现“框图出价”。

在竣工结算和结算审计阶段，提取 BIM 模型在建设过程中的工程造价数据，既提高了工作效率，增强了审核精度，同时对增强审核、审定工程造价的透明度具有十分重要的意义。

4. 通过 BIM 技术应用，为项目的信息协同管理提供技术支持

本项目采用基于互联网云计算的项目信息协同管理平台，高效解决项目各参建方信息共享、沟通、协同工作和文档管理的问题，并制定了 BIM 工作组信息协同方案如下：

1）工作目标

将全国二青会射击射箭比赛场馆建设项目作为阳泉市 BIM 技术应用试点工程，争取打造成为阳泉市国有资金投资项目 BIM 技术应用的示范工程。

2）保障措施

建设方成立 BIM 技术应用工作领导小组。各参建方要指定专人负责，将 BIM 技术应用列为重点工作事项，加强领导，精心安排，扎实推进，建立组织协调机制，拟定 BIM 技术应用实施规划，明确工作要求和工作措施，加快推进 BIM 技术应用。

监理单位、施工单位、造价咨询单位应指定 BIM 负责人、BIM 联络员，由 BIM 咨询单位造册登记。各单位变更 BIM 负责人、BIM 联络员应书面通知项目建设方，项目建设方同意后，抄送变更通知至 BIM 咨询单位。

3）BIM 技术应用组织机构；

建设单位：阳泉市住建局；

咨询单位：山西嘉盛工程造价咨询有限公司；

监理单位：山西维东建设项目管理有限公司；

施工单位：山西四建集团有限公司。

4）工作要求

嘉盛公司作为 BIM 顾问单位，负责 BIM 实施方案的编制、模型建立、参建各方技术

人员的培训及BIM技术的应用。

施工单位和监理单位需指定专人，每天将工程进度、质量问题、安全文明施工等各方面的问题利用BIM手机客户端上传到模型。每周的施工周报及监理会议纪要上传到模型。

在管综优化阶段，由建设方牵头协调，工程总包单位组织各分包单位参加，咨询单位负责讲解优化方案，各参建方讨论形成最终实施方案，设计单位认可后由建设单位下发会议纪要，各方遵照实施。

5）BIM系统信息协同实施概要

由建设单位牵头，组织设计单位、施工单位、监理单位及嘉盛BIM团队共同确定对质量、安全、文明施工管控的要点，并设置相关标识、标签分类。

嘉盛BIM团队对各参建方相关人员进行操作培训，并对相关施工方案进行提前模拟交底。

各参建方相关人员发现问题进行拍照上传，定期形成相应报告。

每周监理例会要充分利用BIM协同平台，针对发现的问题提出整改建议并督促整改，形成管理闭环。

6）BIM信息协同平台实施应用细则

（1）协作管理

施工单位、监理单位BIM联络员，负责上传BIM协作。

协作内容包含10项内容，依次为：主题、关联、标识、优先级、截止日期、描述、照片、资料、负责人、相关人员。详述如下：

① 协作“主题”，要求格式为日期加内容概况，如“2018.08.20项目A区二层框架结构施工进度形象”。

② 协作“关联”，根据协作内容关联工程或构件，注意关联项不可为空。

③ 协作“标识”，根据协作内容选择对应标识。

④ 协作“优先级”，根据协作内容选择对应优先级，优先级次序为一级至三级，逐级重要性增加、公开度减小。

⑤ 协作“截止日期”，根据协作内容选择截止日期，此项可不选。

⑥ 协作“描述”，根据协作内容进行文字描述。

⑦ 协作“照片”，根据协作内容添加对应照片、影像资料。

⑧ 协作“资料”，根据协作内容添加对应资料，若无，可不添加资料。

⑨ 协作“负责人”，协作负责人默认为协作发起方，一般不做修改。

⑩ 协作“相关人员”，根据协作内容添加相关人员，可不选。

协作标识包含17项分类，依次为：安全隐患、安全形象、安全检查、质量问题、质量形象、现场验收、文明施工（差）、文明施工形象、进度形象、变更、签证、安全技术交底会、班前安全交底会、BIM会议、验收会议、会议培训、安全专项。对应工作分配及协作要求如下：

① 进度形象、文明施工形象、安全检查、现场验收、变更、签证、安全技术交底会、班前安全交底会、验收会议、安全专项，共10项标识的协作，由施工单位BIM联络员负责上传。

选择协作类型为“阶段报告”。

优先级为二级。

其中进度形象、文明施工形象共 2 项，每日分别上传至少一次，其余 8 项按照实际情况及时上传。

② 安全形象、质量形象，共 2 项标识的协作，由监理单位 BIM 联络员负责上传。

选择协作类型为“阶段报告”。

优先级为二级。

每日分别上传至少一次。

③ 安全隐患、质量问题、文明施工形象（差），共 3 项标识的协作，由监理单位 BIM 联络员负责上传。

选择协作类型为“问题整改”。

优先级为三级。

发现问题及时上传。

施工单位必须针对上述三类问题整改协作进行对应整改，并记录整改过程及整改结果，由施工单位 BIM 联络员在上述协作内进行“添加更新”，录入描述及影响资料。监理单位在施工单位整改并添加更新后，回复意见，实现现场问题整改管理闭合。

④ BIM 会议，此项协作由 BIM 咨询单位 BIM 联络员负责上传。

选择协作类型为“阶段报告”。

优先级为一级。

⑤ 会议培训，此项协作由建设单位、监理单位、施工单位、造价咨询单位、BIM 咨询单位均可上传，录入本项目相关会议记录。

选择协作类型为“阶段报告”。

优先级为一级。

（2）资料管理

① 资料管理旨在建立本项目电子档案管，由项目建设单位、监理单位、施工单位、造价咨询单位、BIM 咨询单位参与资料的录入工作。

② BIM 咨询单位 BIM 联络员在“BIM 咨询”页签下，上传录入相关资料。

③ 造价咨询单位 BIM 联络员在“造价咨询”页签下，上传录入相关资料。资料类别包括：造价咨询月报（电子版）、材料询价（原件扫描件）、月进度支付审核（原件扫描件）及变更、签证、洽商资料（原件扫描件）。

④ 建设单位 BIM 联络员在“业主方”页签下，上传录入相关资料。资料类别包括下发文件（原件扫描件）等。

⑤ 施工单位 BIM 联络员在“施工方”页签下，上传录入相关资料。资料类别包括：施工周报（电子版）、施工月报（电子版）、签证洽商单（原件扫描件）、工程投资统计表（电子版）、隐蔽工程自验单（原件扫描件）、隐蔽工程报验单（原件扫描件）。

⑥ 监理单位 BIM 联络员在“监理方”页签下，上传录入相关资料。资料类别包括：监理周报（电子版）、监理月报（电子版）、监理例会会议纪要（原件扫描件）、安全监理例会（原件扫描件）、监理联系单（原件扫描件）、监理通知单（原件扫描件）、整改回复单（原件扫描件）。

7）BIM 信息协同落实措施

本项目每星期六上午定期召开工作例会。一是定期检查工作落实情况；二是共同研究解决在 BIM 具体应用中遇到的实际问题；三是共同思考找到和优化 BIM 应用工作路径。

项目各参建方在具体工作中如果没有按照要求做好 BIM 信息平台的录入工作，按合同要求，甲方有权对合同方进行不履行合同缺项索赔。

本项目信息协同的具体项目和内容，将根据工程进度，下发专项通知进行具体要求。

四、经验总结和展望

BIM 技术在阳泉市全国二青会射击射箭比赛场馆建设项目中的应用，体现在经济效益和社会效益方面。

在经济效益方面，达到事前模拟建造、事中无错建造、事后反查建造，提升经济效益的作用。通过 BIM 技术进行设计优化、指导施工，减少返工浪费、工期拖延，并为建筑使用、运营提供模型和数据支持。

在社会效益方面，通过建设阶段各类资料数据与 BIM 模型关联，为建筑业大数据提供数据支持。本项目的各类数据，通过 BIM 技术进行数据信息的整合，数据价值不仅体现在本项目上，也为同类或类似项目建设提供数据支持，作为参考或者指导。

推进更多的项目运用 BIM 技术，每个项目既提供数据也使用数据，运用“互联网＋建筑业大数据”，有效预测和分析可能发生的隐患与趋势，提升项目管理水平。

本文作者：
李伟涛　山西嘉盛工程咨询有限公司 BIM 技术总监

【案例3】基于BIM技术的建设项目品质—成本平衡管理

——以玉溪市城市规划馆建设项目为例

张　晓　刘兴昊　李鹏程　王　霄　苗智慧　张　冉　何济源
华昆工程管理咨询有限公司　云南　昆明　650217

摘　要：本项目在应用BIM技术开展品质—成本平衡管理方面取得了明显成效。通过BIM技术管控和优化设计，提升设计质量的同时，避免需求变更和设计失误增加项目成本；通过BIM模型与进度、造价数据的5D信息集成，辅助项目管理工作顺利开展，降低建设参与各方自身管理和相互沟通成本；基于BIM模型实现构件级造价信息呈现，动态管理施工合同计量支付，实现精细化造价管理；竣工数字化交付，为项目建设成果增值，为项目全寿命周期成本节约打好基础。

关键词：建设项目管理；成本管理；BIM；全过程造价咨询

一、项目概况

2016年7月，云南省玉溪市市委、市政府同意启动玉溪市城市规划馆建设项目（以下简称“玉溪规划馆”或“本项目”）。玉溪规划馆作为玉溪市城市规划的“研究馆”“教育馆”、城市形象的“展示馆”、城市历史的“博物馆”，记载城市的记忆和发展足迹，是政府及其规划部门与社会公众交流、广泛听取群众意见的桥梁和纽带。建成后的玉溪规划馆，将借助现代科技和艺术手段，全面、直观、多维度地展示玉溪城市规划建设发展的过去、现在和未来。在做好城市规划展示的同时，项目将通过整合各方面的优质资源，将城市规划馆打造为客商接待、招商引资的聚集交流平台和城市规划宣传教育的重要阵地。

玉溪规划馆位于云南省玉溪市聂耳文化广场片区北岸，玉江大道与河滨路交叉口东北侧，于2017年1月正式开工建设，于2019年10月1日预开馆，总工期约两年零九个月。该项目总用地面积26亩，总建筑面积19767m^2，总建筑高度20.6m，总投资额19955.4万元，属于新建大型公共建筑。整体建筑外观像一个大贝壳，功能分区主要包括三层展览区（钢结构）、四层业务用房区（钢筋混凝土框架结构）、一层地下车库，包括室外道路及场地、景观绿化等附属工程（图3-1）。

二、项目背景描述及对BIM成本管控的基本理念和要求

本项目由玉溪市家园建设投资有限公司（以下简称建设单位）负责投资建设，建成使用单位为玉溪市规划局下属玉溪市城市规划馆。项目主要资金来源于公共财政，受政府预算管理约束，必须合理控制建设投资，节约公共资金；该项目建成后将作为玉溪市的城市名片，项目实施受市政府以及社会各界高度重视，高规格、高标准完成建设是其基本

图 3-1　玉溪规划馆航拍图

要求。

该项目的建设难点主要是：造型复杂、结构多样、工期紧张，建设单位意识到必须借助先进的管理技术手段来确保项目顺利实施，其中，引进 BIM 技术来辅助项目建设管理是一项重要的保障手段。

本项目建设单位对 BIM 技术应用的一个重要关注点是建设成本管控，希望利用 BIM 技术，一是优化项目设计，平衡品质—投入关系；二是大幅减少变更，减少返工浪费和工期延误；三是精确计量，精细管控施工造价。应用 BIM 技术进行 5D 信息集成和应用，实现更直观、更高效、更全面的信息化管理。

三、项目实施 BIM 成本管控理念与成果

我公司接受建设单位委托为本项目实施提供工程造价咨询和 BIM 咨询服务。进行需求调研后，我们意识到，本项目作为玉溪市重点项目，品质保障是关键、成本管控是核心、进度控制是重点。基于此，我们建议建设单位开展以造价咨询为主导、以 BIM 咨询为统筹、参建各方配合的 BIM 协同品质—成本平衡管理工作。

本项目实施 BIM 协同管理的基本理念是：以品质—成本平衡管理为核心，以数字模型为依托，以 BIM5D 平台为媒介，以造价信息集成为手段，用最优的方案对项目实施进行全方位全过程管控，尤以品质和成本管控为核心关注点。项目实施 BIM 品质—成本平衡管理的要求是：在设计阶段，利用 BIM 可视化和三维审图等技术手段，尽可能明确业主方（玉溪市规划局）和建设单位需求，完善设计方案，避免设计“错、漏、碰、缺”；在施工过程中，所有与造价有关的基本信息和变更信息都需经过 BIM 咨询团队和造价咨询团队的共同分析和确认，精细化管理计量支付。

项目实施BIM品质—成本平衡管理交付成果内容主要包括：

1）BIM实施策划文件。向建设单位提交BIM实施策划文件，阐明BIM应用理念、方法、各参与方职责、协同流程、成果交付要求等。

2）设计阶段成果文件。配合设计进度，提交三维可视化方案模型、设计施工图模型及相应造价预算文件、设计存疑问题及优化建议、施工图会审修正模型、施工深化设计模型等。

3）施工阶段成果文件。提交加载合同造价及进度信息的BIM5D模型文件，并载入BIM5D协同平台；对参与各方进行培训以确保BIM5D平台顺利运行；利用5D模型和BIM5D平台生成各类项目管理即时状态页面供各方查询，生成各类报表支撑计量支付工作。

4）全过程造价管理成果文件。BIM咨询服务团队和造价咨询服务团队协作，共同出具经BIM校核的工程造价管理成果文件。

四、项目实施BIM成本管理与成果

（一）项目组织介绍

在引入BIM咨询服务后，建设单位在BIM咨询服务团队建议下，形成区别于传统方式的项目品质—成本平衡管理组织架构，如图3-2所示。

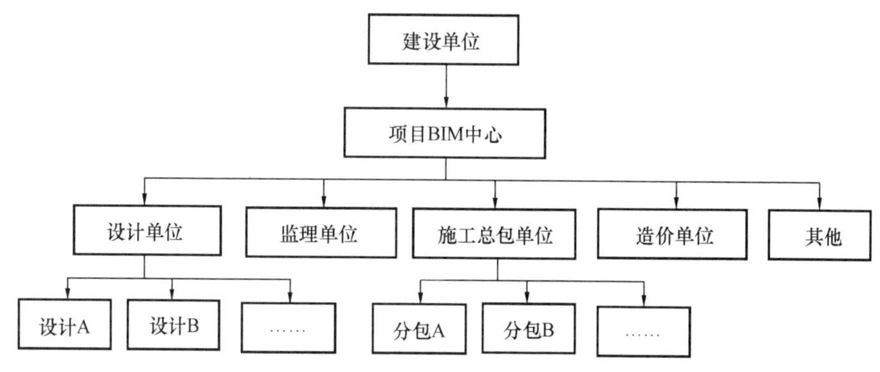

图3-2　项目品质—成本平衡管理组织架构图

项目BIM中心由建设单位主导，主要依托BIM咨询服务团队承担日常管理，持续开展项目品质—成本平衡管理指挥工作。本项目BIM咨询服务和造价咨询服务均由华昆工程管理咨询有限公司承担，BIM咨询和造价咨询两项业务相对独立而又密切配合，BIM咨询团队承担BIM应用策划、BIM应用协调、BIM模型技术和BIM5D协同平台运行管理等工作，造价咨询团队开展全过程造价控制。监理单位开展施工进度、质量、安全生产等监管工作，施工总承包单位开展施工工作，涉及品质—成本平衡管理的，均按照建设单位批准的BIM实施方案服从项目BIM中心统筹安排。

本项目BIM协同工作机制如图3-3所示。

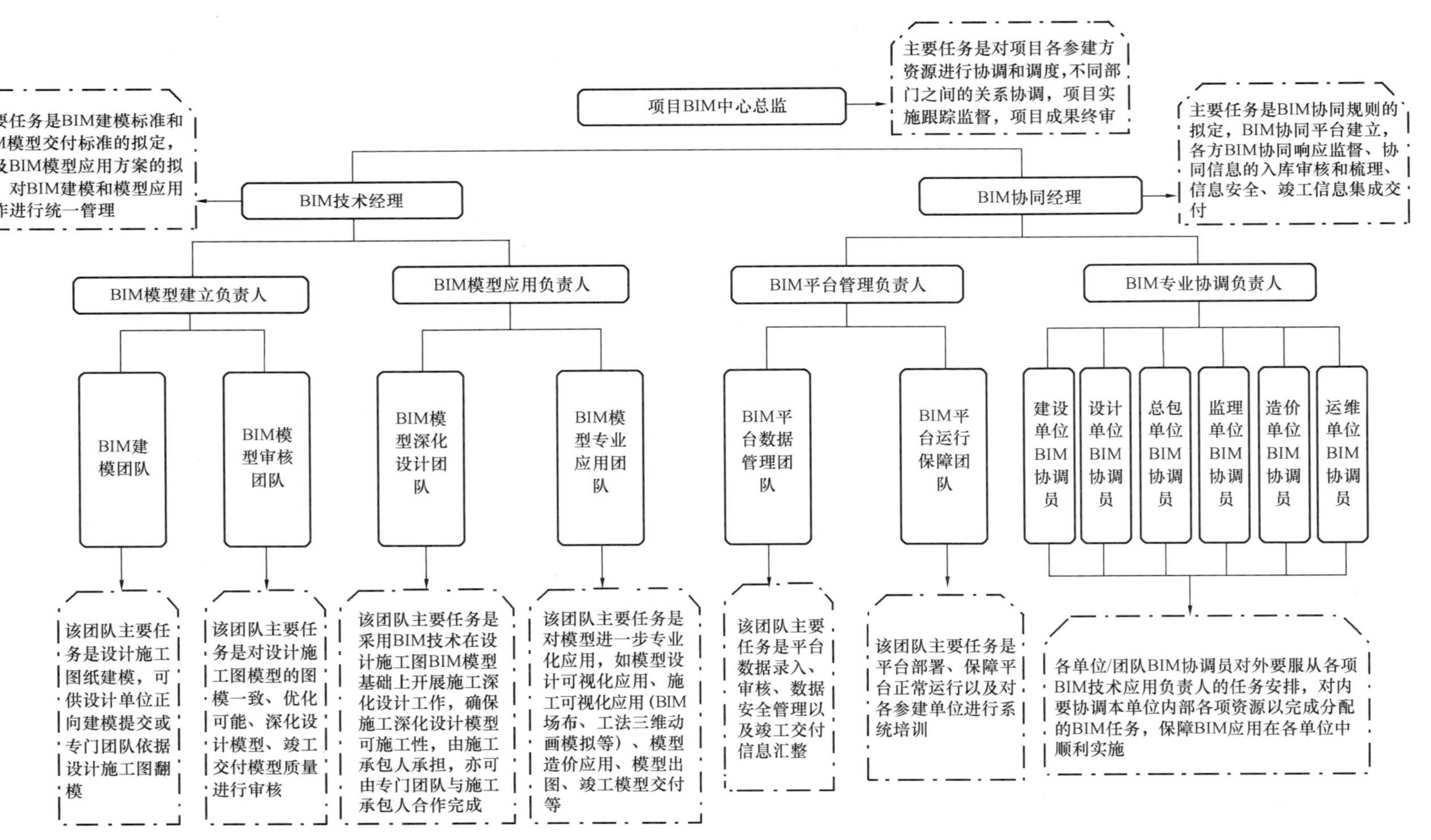

图 3-3　项目 BIM 品质—成本平衡管理运行机制

（二）BIM 品质—成本平衡管理措施介绍

1. BIM 应用标准介绍

为保障玉溪市城市规划馆项目 BIM 应用的顺利实施，华昆 BIM 咨询团队根据该项目自身特性编制一系列 BIM 应用管理办法，包括《BIM 应用通则》《BIM 建模技术导则》《BIM 协同管理平台操作手册》和《BIM 协同管理平台信息集成实施细则》，由业主单位进行审核和发布实施，所有参建单位共同遵循该系列管理办法并统一接受培训（图 3-4）。

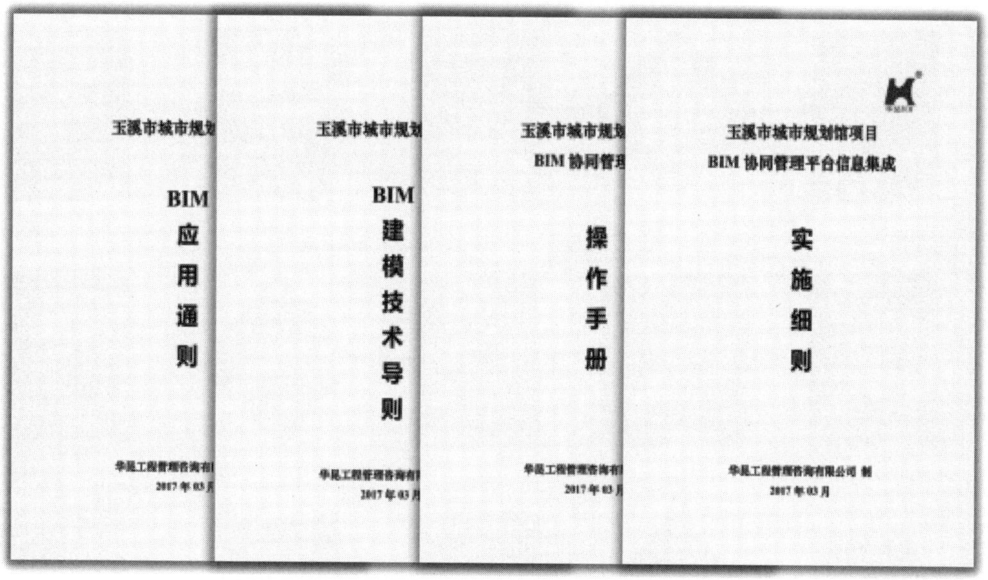

图 3-4　项目 BIM 品质—成本平衡管理应用标准

《BIM 应用通则》主要包括项目实施过程中 BIM 应用目标、BIM 应用实施范围、该项目各参建方 BIM 应用职责等内容，它的主要作用是使得 BIM 品质—成本平衡管理能够按规定进行部署和顺利推行；《BIM 建模技术导则》主要包括 BIM 术语、BIM 软件内容、BIM 建模深度等内容，它的主要作用是使得 BIM 模型能够在项目中按统一规则建立以及方便管理；《BIM 协同管理平台操作手册》主要包括平台总体介绍、平台部署实施指引、平台各功能模块的功能介绍等内容，它的主要作用是保证各参建单位能够熟练使用 BIM 协同管理平台；《BIM 协同管理平台信息集成实施细则》主要包括 BIM 协同管理平台信息上传内容、BIM 协同管理平台信息应用流程等内容，它的作用主要是保障 BIM 协同管理平台中上传信息质量。

2. BIM 应用管理流程

该项目 BIM 品质—成本平衡管理应用流程如图 3-5 所示。

3. BIM 协同管理应用落地保障措施介绍

1）BIM 协调会议制度

为保证项目 BIM 技术应用顺利推进，BIM 咨询单位定期组织 BIM 协调会，由各参建单位 BIM 负责人共同参加。会议内容主要以掌握 BIM 应用实际进程、了解 BIM 应用推进障碍、协调各参建单位间 BIM 实施问题、安排下一步 BIM 应用内容等围绕 BIM 协同管理应用落地为核心点。

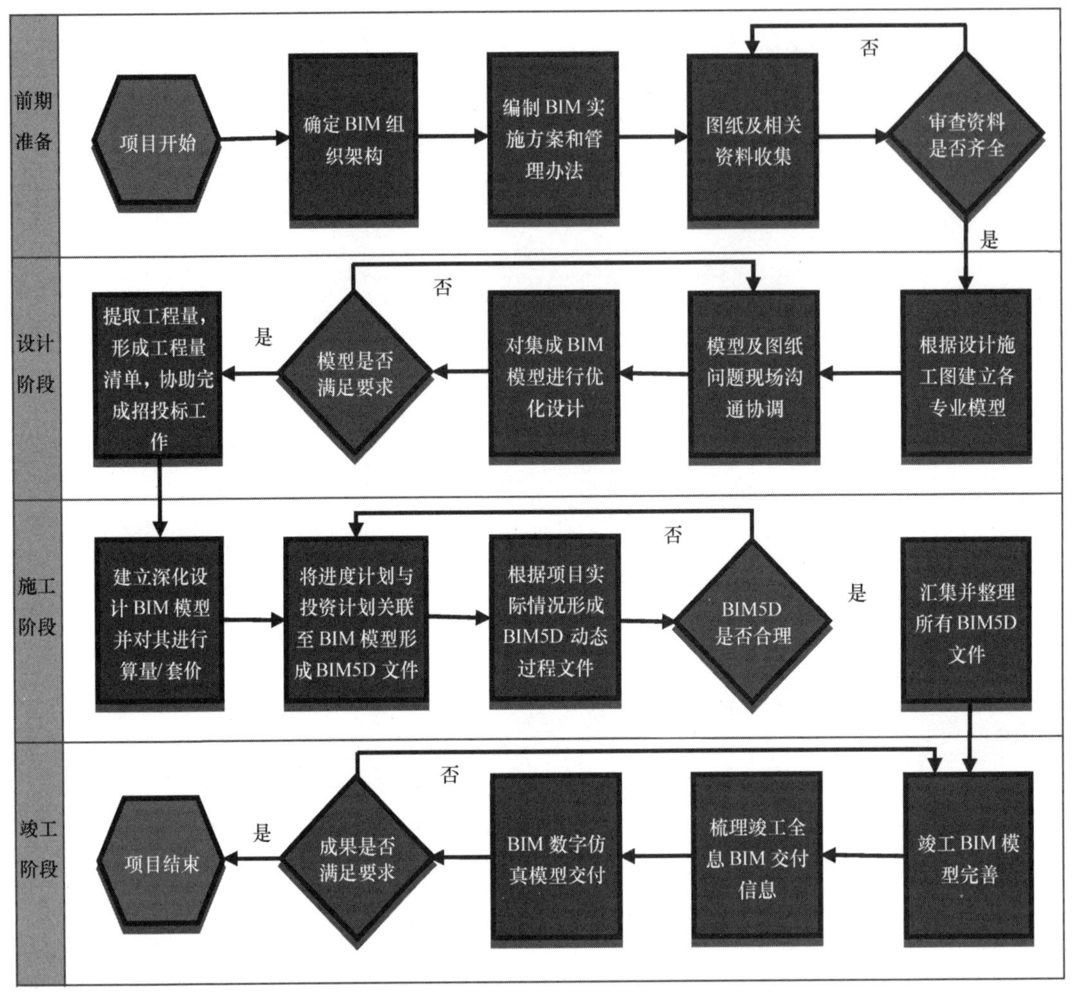

图 3-5　项目 BIM 品质—成本平衡管理应用流程示意图

2）BIM 协同管理平台工作制度

为保证 BIM 协同管理平台上的信息能够及时有效地被各参建单位接收并加以利用，该项目引进广联达 BIM5D 平台作为本项目实施 BIM 协同管理平台。按照《BIM 应用通则》上的要求，项目各参建单位必须将《BIM 协同管理平台信息集成实施细则》中包含的所有与项目相关信息在规定期限内上传至 BIM 协同管理平台，以达到统一办公、集中管理、全面真实有效地记录项目全过程动态发展信息的目的。

3）BIM 协同与工程进度款支付挂钩

在每期工程进度款申请审核过程中，应业主单位要求，BIM 咨询单位按照《BIM 协同管理平台信息集成实施细则》严格审查各单位在 BIM 协同管理平台中的应用情况，若申请付款单位存在未按照本实施细则开展工作的情况，则要求该单位进行整改，整改完成通过审核后才能进入工程进度款支付最终程序，以确保 BIM 协同管理平台能够在使用过程中实现相应的信息化管理品质。

4）BIM协同激励机制

为激励各参建单位开展BIM项目协同管理，制定经济奖惩措施，主要目的是鼓励各参建单位积极主动利用BIM协同管理平台做好项目管理协同；其次是督促各参建单位重视BIM应用，理顺协同管理流程。

（三）BIM品质—成本平衡管理过程及核心工作

1. 设计阶段BIM品质—成本平衡管理

1）BIM咨询团队主要工作内容

（1）可视化（方案）模型

BIM咨询团队按照初步设计文件，建立建筑物和场地BIM方案模型，并进行适当渲染，主要表现场地规划、建筑外观造型、建筑内部功能分区等，协助业主方、建设单位同设计单位充分沟通建设需求和设计意图，避免后期重大需求变更（图3-6）。

图3-6 玉溪规划馆方案模型

（2）三维审图和设计优化

BIM咨询团队按照施工图设计文件分专业建立BIM模型并进行全专业集成，涵盖建筑、结构、机电各专业。整理建模过程中发现的设计错误和缺漏，形成图纸疑义报告，要求设计方回复；全专业集成三维审图可进行功能实现审核、构件重大碰撞审核、空间利用审核，向设计方提出图纸存疑或优化建议工作联系函，反复校核之后，按照设计单位修正的施工图设计文件建立并提交设计施工图BIM模型；设计施工图模型满足造价BIM应用需求。通过三维审图和设计优化，可进一步减少需求不明确的情况，排除图纸错误，避免因需求问题和设计问题造成的后期施工返工、窝工现象，保障设计质量、提升工程品质的同时，优化设计成果的技术经济指标，减少非正常成本（图3-7）。

2）造价咨询团队主要工作内容

设计过程中，造价咨询团队利用BIM咨询团队建立的BIM模型，快速提取工程量，从投资管控的角度与设计方就设计方案品质—成本平衡管理进行沟通，协助业主方和建设单位确定最优设计方案。在修正设计施工图BIM模型确定之后，利用模型提取工程量，形成工程量清单，以之作为后续造价管理工作的基础。

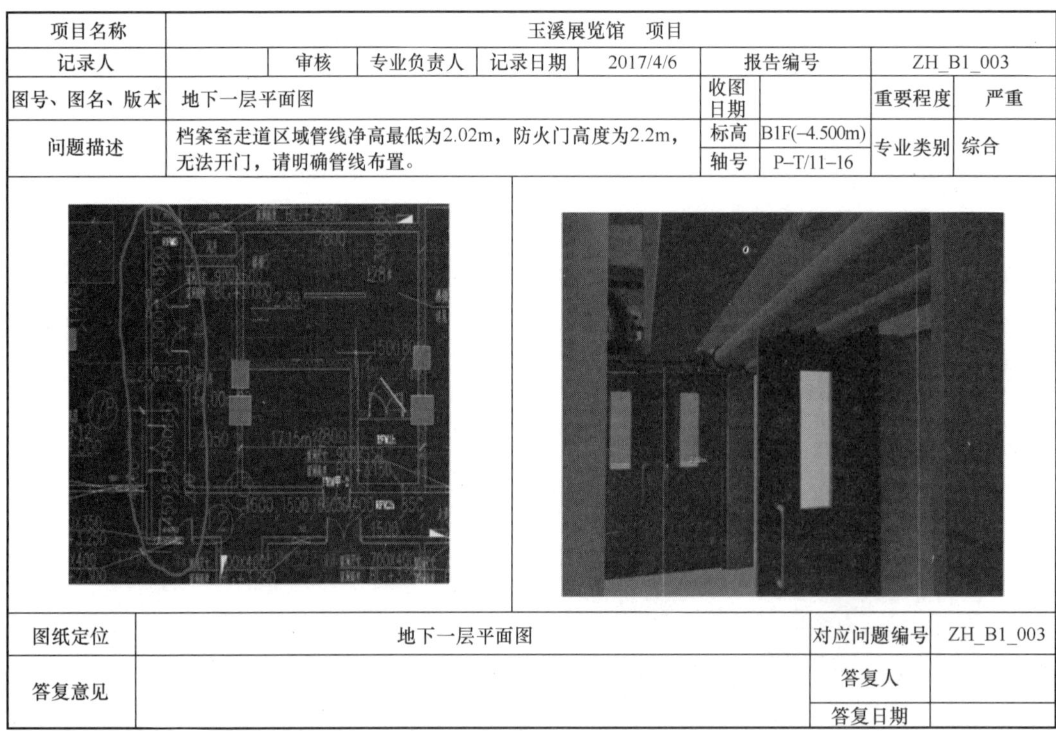

项目名称	玉溪展览馆　项目						
记录人		审核	专业负责人	记录日期	2017/4/6	报告编号	ZH_B1_003
图号、图名、版本	地下一层平面图	收图日期		重要程度	严重		
问题描述	档案室走道区域管线净高最低为2.02m，防火门高度为2.2m，无法开门，请明确管线布置。	标高	B1F(-4.500m)	专业类别	综合		
		轴号	P-T/11-16				
图纸定位	地下一层平面图	对应问题编号	ZH_B1_003				
答复意见		答复人					
		答复日期					

图 3-7　设计图纸疑义和优化建议工作联系函

3）设计阶段 BIM 品质—成本平衡管理流程

设计阶段 BIM 品质—平衡管理主要参与方是业主方、建设单位、设计团队、BIM 咨询团队和工程造价咨询团队，管理流程如图 3-8 所示。

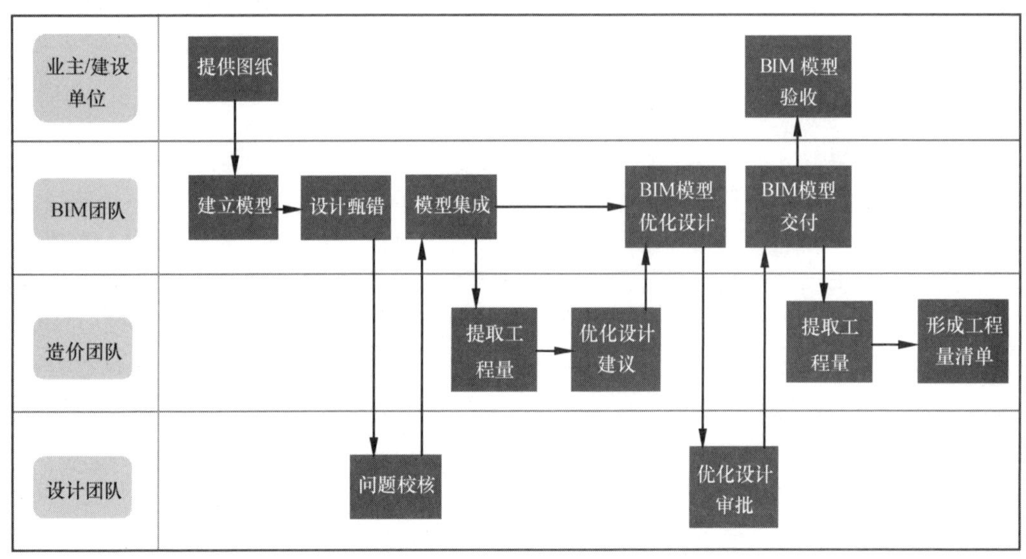

图 3-8　设计阶段 BIM 品质—成本平衡管理流程图

4）设计阶段 BIM 品质—成本平衡管理应用

设计阶段 BIM 品质—成本平衡管理应用及其相关信息如表 3-1 所示。

设计阶段 BIM 品质—成本平衡管理应用表　　　　表 3-1

序号	BIM 应用点	BIM 应用措施	BIM 应用价值
1	可视化方案展示	模型建成之后以三维立体形态从不同方位多重视角向业主表达项目建成效果，包括场地规划效果、建筑外观（灯光）效果、建筑内部功能分区、重点区域空间布置效果等	让业主以三维全景模式直观感受项目设计总体方案和细节，有利于快速掌握规划设计意图，深度参与设计过程，在外立面装饰材料选取、灯光方案、景观方案讨论中，节约讨论时间 14 天
2	三维审图和设计优化	建模过程发现设计图纸错、漏问题；全专业模型集成解决空间不当和构件碰撞问题；提出优化建议，包括车位优化、展示区域空间优化等。共提出重要设计存疑问题和优化建议共 27 处	保障设计施工图纸质量，减少后期因图纸问题而产生不必要的资金浪费。经测算，避免设计变更 18 处，节约费用 37 万元；避免后期功能设计调整，节约费用 13 万元，共计为项目节约经济价值 50 余万元
3	其他应用	精准复核招标工程量清单工程量；根据招标要求在 BIM 模型中划分招标施工段，以不同模型色彩表达，清晰招标范围等	提高招标管理的精度和效率

2. 施工阶段 BIM 品质—成本平衡管理

1）BIM 咨询团队主要工作内容

（1）BIM 造价信息集成模型

BIM 咨询团队与造价咨询团队合作将合同造价信息导入 BIM 平台中，并与平台中的 BIM 模型进行构件级关联，形成 BIM5D 模型。BIM5D 模型可以在表达实际施工进度与计划进度的基础上，动态表达工程投资实际完成情况并分析与计划投资的偏差；通过 BIM 平台中模型局部计量计价功能，分析工程投资偏差的具体部位（或区域）。相关参与方通过 BIM5D 成果可以了解到项目投资进展，直观查找偏差部位，分析偏差原因，进而快速制定纠偏方案，以达到控制工期和成本的目的（图 3-9）。

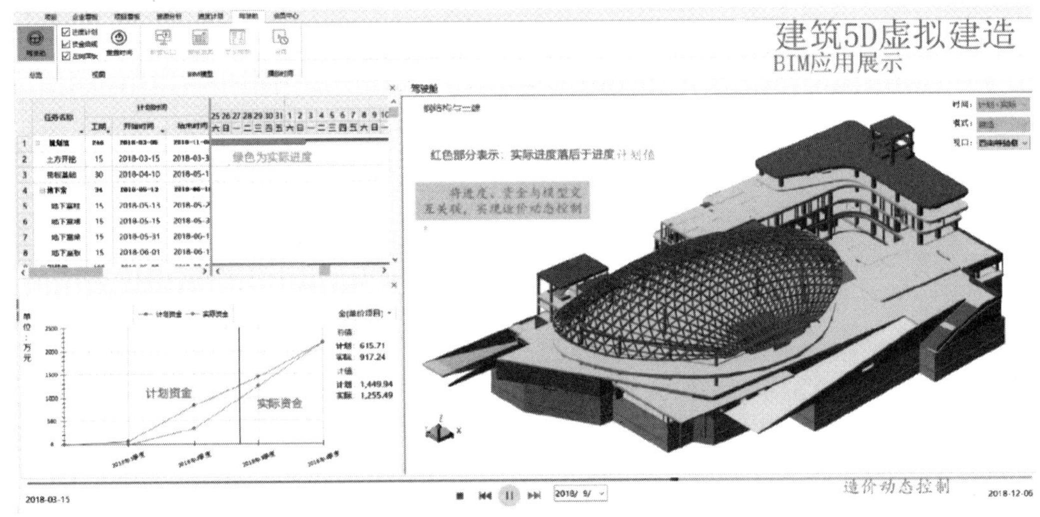

图 3-9　建筑专业 BIM5D

（2）工图会审 BIM 模型修正和施工深化设计

BIM 咨询团队利用施工图 BIM 模型参与施工图会审，并为施工承包方、监理团队等施工图会审参与方提供方便，在施工图设计修正成果的基础上建立施工图会审 BIM 模型。BIM 咨询团队与施工承包方密切配合，采用 BIM 技术开展施工深化设计工作，用三维模型表达施工深化设计成果，并输出二维详图等施工依据。施工深化设计过程中，通过管线综合排布设计、预留预埋设计、装饰装修与机电专业避让设计等，在空间合理利用、室内外美观、节约成本等方面进一步优化设计；通过虚拟建造，进一步完善设计细节，确保深化设计成果的可施工性，支撑装配式施工，减少施工过程中因临时发现问题、处理问题所带来的返工、窝工现象，缩短工期，节约直接和间接施工成本（图 3-10）。

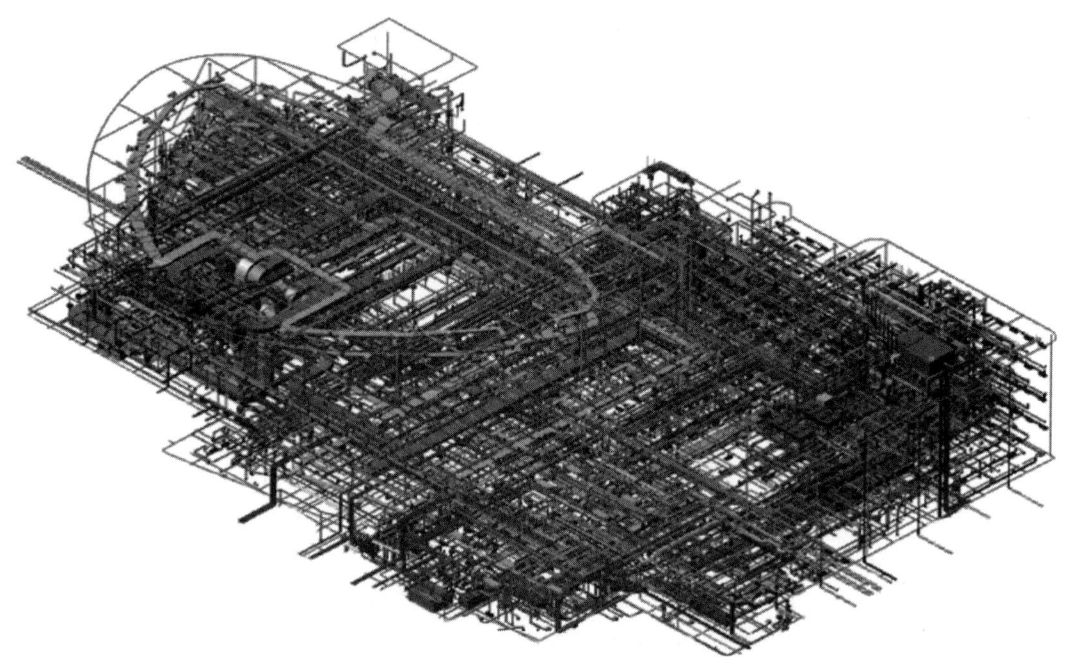

图 3-10　玉溪规划馆机电深化设计全专业集成模型

2）造价咨询团队主要工作内容

在施工过程中，造价咨询团队利用 BIM 模型和信息平台，持续将实际造价信息（如计量信息、单价调整信息、变更信息、进度款支付信息等）更新至 BIM 平台中，一方面及时反映项目的投入和产出情况，增加透明化；一方面便利造价管理业务工作的开展。

3）施工阶段 BIM 品质—成本平衡管理流程

施工阶段 BIM 品质—平衡管理主要参与方是建设单位、施工承包人、监理团队、BIM 咨询团队、工程造价咨询团队和设计团队，管理流程如图 3-11 所示。

4）施工阶段 BIM 品质—成本平衡管理应用

施工阶段 BIM 品质—成本平衡管理应用及其相关信息如表 3-2 所示。

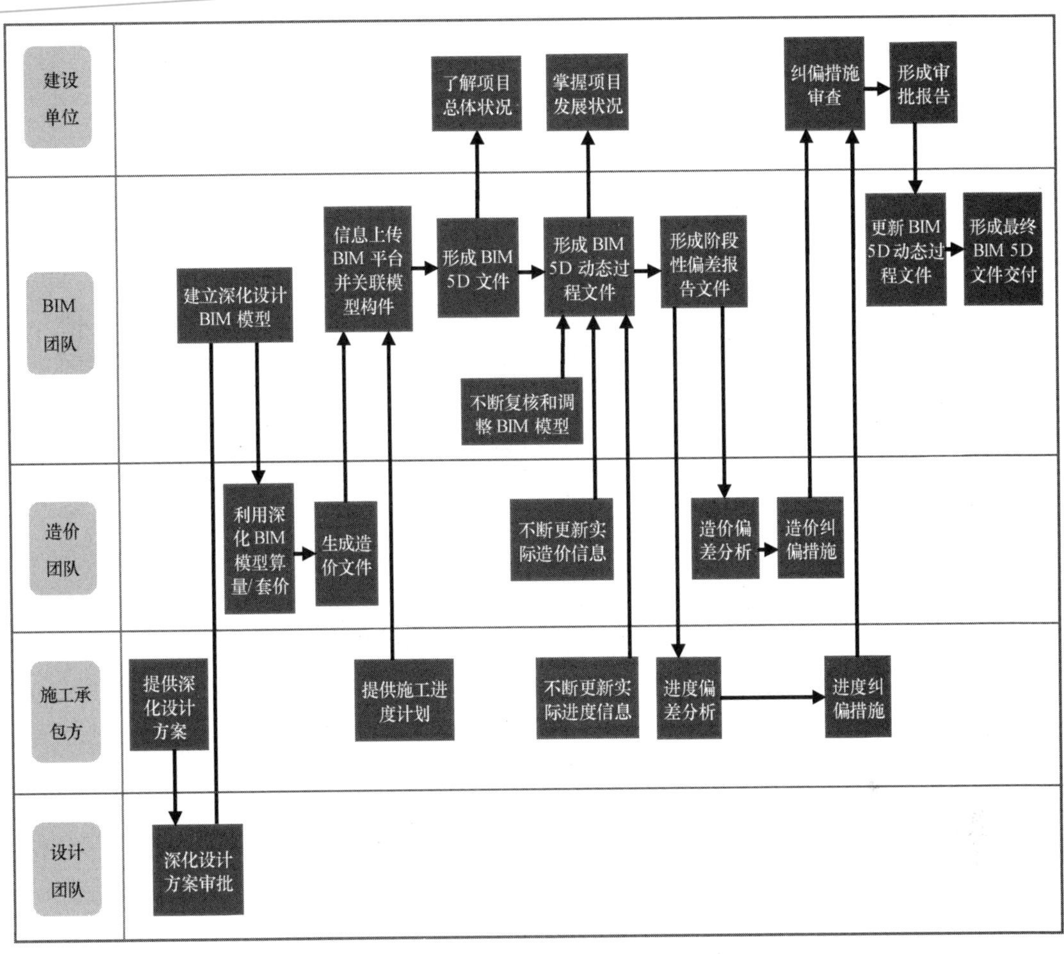

图 3-11　施工阶段 BIM 品质—成本平衡管理流程图

施工阶段 BIM 品质—成本平衡管理应用表　　**表 3-2**

序号	BIM 应用点	BIM 应用措施	BIM 应用价值
1	BIM 施工方案模拟	根据施工组织设计方案模拟项目整体实施过程，并导出视频文件供各参建单位参考	辅助建设单位现场管理人员合理安排各专业施工单位进场时间，优化施工顺序后缩减工期 20 天
2	BIM 施工深化设计	三维方式开展施工深化设计，完成二次结构设计和机电管线综合排布设计，精准控制管道、桥架走位和施工完成面净高。输出可施工性更强的设计图纸指导现场施工	机电工程深化设计出图指导施工，大量减少冲突问题，为整个机电施工节约工期 45 天以上，施工成品基本实现“模实一致”
3	BIM5D 动态管控	建立 BIM 协同管理平台，以 BIM 设计模型为核心，集成进度、成本、质量、安全生产等信息，形成数据库、信息中心和信息交换、复用渠道，助力全参与方管理和作业协同	提高管理效率，保留建设管理过程痕迹
4	BIM 项目档案管理	动态梳理项目信息数据，按档案管理要求固化项目资料形成项目档案库，与模型构件关联	形成电子化、结构化档案库

3. 竣工阶段 BIM 品质—成本平衡管理

1）BIM 咨询团队主要工作内容

（1）竣工全息 BIM 交付

BIM 咨询团队向建设单位和业主方交付竣工 BIM 模型及其他全部集成信息。包括：模实一致的竣工 BIM 模型、建设管理信息、咨询服务追溯信息、建造追溯信息、验收信息、设备信息（厂牌型号、规格参数、使用说明书、售后服务信息）等。通过数字化交付极大提升项目建设成果品质，实现项目增值（图 3-12）。

图 3-12　玉溪规划馆机电管道安装模实一致

（2）BIM 数字仿真模型交付

在竣工全息 BIM 交付的同时，BIM 咨询团队向玉溪市城市规划馆运营部门进行数字仿真模型交付，将服务延伸至运营阶段。数字仿真模型交付是在坚持“模实一致”原则的基础上，对竣工全息 BIM 交付信息进行梳理，厘清需传递给建筑设施仿真模型的信息、需删除（屏蔽）的垃圾信息（冗余信息）、需增补的物业信息等，为运营部门量身打造建筑设施初始信息集，便于后期运行维护数字化管理。交付重点是设备、管线密集部位的系统模型（可现场定位），机电系统设施设备的厂牌型号、规格参数、使用说明书、售后服务等数据库及查询平台。通过向运营阶段的服务延伸，实现运营管理的优化和运营费用的降低，减少项目全寿命周期总成本（图 3-13）。

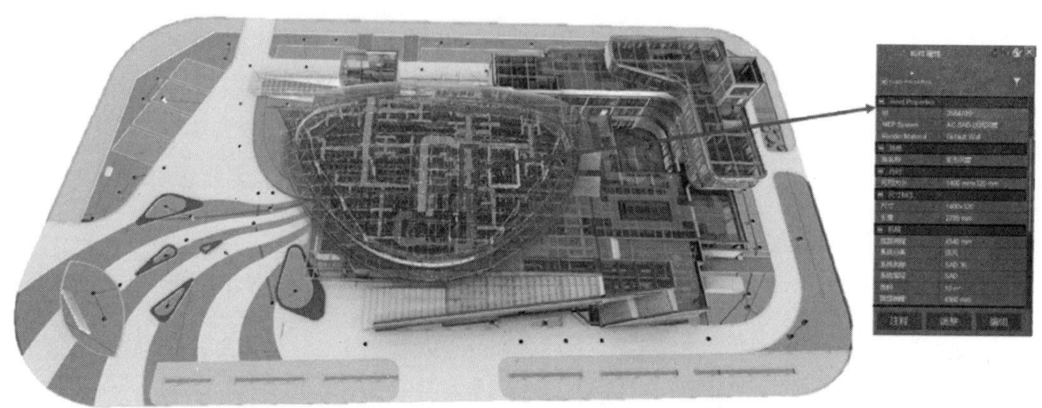

图 3-13　玉溪规划馆 BIM 数字仿真模型

2）造价咨询团队主要工作内容

造价咨询团队依据BIM模型结合现场作业核实竣工工程量，并利用BIM协同平台中所记录的相关信息完成竣工结算核对工作。由于有竣工BIM模型和BIM协同管理平台全过程信息集成管理的支撑，竣工结算核对过程中依据充分、清晰，各方分歧容易消除，结算定案周期缩短。

3）竣工阶段BIM品质—成本平衡管理流程

竣工阶段BIM品质—成本平衡管理主要参与方是业主方、建设单位、施工承包方、BIM咨询团队、工程造价咨询团队和设计团队，管理流程如图3-14所示。

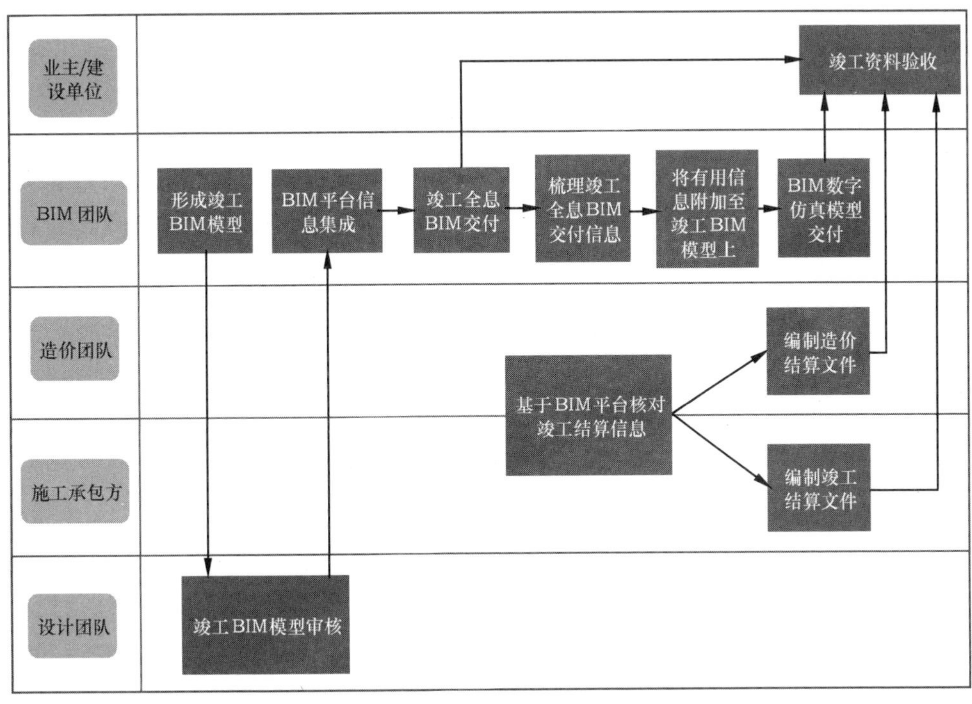

图3-14　竣工阶段BIM品质—成本平衡管理流程图

4. 竣工阶段BIM品质—成本平衡管理应用

竣工阶段BIM品质—成本平衡管理应用及其相关信息如表3-3所示。

竣工阶段BIM品质—成本平衡管理应用表　　**表3-3**

序号	BIM应用点	BIM应用措施	BIM应用价值
1	竣工BIM模型建立和交付	根据“模实一致”原则不断复核BIM模型与项目现场已建部分，保持竣工BIM模型与现场施工高度对应	数字仿真交付，形成数字资产
2	BIM仿真模型应用	消防虚拟预验收； 隐蔽构件仿真查询； 设施设备信息管理和运维作业管理	支持数字化建筑运营

五、经验总结和展望

（一）经验总结

本项目通过BIM技术应用，改进项目建设技术手段，提升项目建设管理水平，实现了项目建设品质保障和项目建设投资控制的较好平衡。项目实施过程中，BIM 咨询和造价咨询两项业务全过程密切配合，在建造技术与建设管理相结合、技术与经济相互支撑又相互制约方面进行了积极的探索，基本实现了 BIM 技术针对工程项目实际需求的应用落地。本项目 BIM 技术应用的关键点在于：设计阶段 BIM 技术管控设计质量的同时，为造价咨询团队提供可用于工程量计算的模型，实现造价管控和技术管控双管齐下；施工阶段建立并维护包含进度和造价信息的 BIM5D 模型，借助 BIM 协同管理平台实现造价管控的可视化、精准化和超前预见性；竣工阶段的数字仿真交付为项目建设增值、为运营成本节约打好信息化基础。

当然，本项目基于 BIM 的品质—成本平衡管理仍只是一个探索性的实践，项目实施过程中仍受到诸多因素的制约，未能完全实现最优结果（或许也有对 BIM 期望过高的原因）。例如：BIM 模型进行造价应用的工作效率、BIM5D 平台的信息集成渠道、造价信息的完整表达等方面，仍然有尚未解决的问题。但是总体上来说本项目 BIM 应用是落地的，项目参建各方均有受益，集中表现在业主方/建设单位需求变更减少，模型计量准确、无争议，超前发现并解决设计问题避免窝工、返工，项目管理信息易查询且准确可靠，参建方之间沟通渠道顺畅等方面。

（二）展望

BIM 是数字城市建设和建筑业信息化发展的必由路径，但 BIM 的广泛甚至是全面应用落地仍需时日。推动 BIM 发展的要素不仅仅是技术，更需要管理理念的更新和管理模式配套变革。无论如何，只要积极尝试、付出努力，一定可以在项目实践中发现 BIM 的价值。只有敢于探索、致力创新的企业和个人，才能在行业信息化、数字化变革的前进道路上取得先机。

项目组成员：

张　晓　华昆工程管理咨询有限公司造价工程师兼 BIM 总监
刘兴昊　华昆工程管理咨询有限公司 BIM 项目经理
李鹏程　华昆工程管理咨询有限公司 BIM 技术负责人
王　霄　华昆工程管理咨询有限公司 BIM 机电负责人
苗智慧　华昆工程管理咨询有限公司 BIM 平台负责人
张　冉　华昆工程管理咨询有限公司 BIM 视觉效果负责人
何济源　华昆工程管理咨询有限公司 BIM 信息负责人

单位简介：

华昆工程管理咨询有限公司于 2001 年成立（原名昆明华昆工程造价咨询有限公司）。主营造价咨询业务，在 2018 年度（中国建设工程造价管理协会）工程造价咨询企业全国排名中位列第十一，2018 年度全国工程造价咨询企业信用评价 AAA 级企业。

历经近二十年发展，华昆咨询已形成以造价咨询为主，具备全过程工程咨询、BIM 技术开发、政府预算绩效管理、PPP 咨询、造价数据产品提供、司法鉴定（工程造价）、招标采购代理和财务咨询审计等领域较强服务能力的综合咨询服务商。

【案例 4】BIM 技术在商住小区的成本控制与优化探索

——内蒙古包头市青山区富华公馆商业住宅小区 BIM 应用

范东利　谷振源　郝建军　屈　皓　邢俊楠
内蒙古东煜工程咨询有限公司　内蒙古　包头　014000

摘　要：内蒙古包头市青山区富华公馆项目为商业住宅小区，本项目 BIM 咨询的范围为小区的地下车库和园林景观工程。项目 BIM 咨询介入时地上与地下主体结构已施工完成，暴露出大量的结构和机电安装衔接的问题。本项目 BIM 咨询通过创建三维模型及优化设计，在室内管线综合排布、碰撞检查、净高检查、车辆交通路径与车位合理定位以及可视化设计交底和施工方案等方面进行探索，优化了项目的成本控制和可施工性，实现项目级的 BIM 应用，改变房地产传统开发的项目管理思维，实现管理效率的提升，为成本的提前预控积累了丰富的经验。

关键词：BIM 技术；工程造价；应用

一、项目概况

富华公馆项目位于内蒙古包头市青山区民主路与科学路交汇处，紧邻亚洲最大的城中草原“赛罕塔拉公园”，占地面积 50 亩，总建筑面积 10 万 m^2。业主方为新屹置业房地产开发有限公司，BIM 技术应用由内蒙古东煜工程咨询有限公司负责，由其组建各专业工程师 BIM 团队，全程指导。

二、项目成本管控的基本理念和要求

本项目 BIM 咨询介入时地上与地下主体结构已施工完成。因此，如何在不破坏原有结构的基础上，最大限度地优化机电设备管线和景观设置，解决设计图纸中的错、漏、碰、缺及净高不足等问题，提升设计质量，减少后期变更，控制成本，是这个项目 BIM 成本管控的核心理念和要求。

为实现上述理念，业主方与咨询方共同制定了 BIM 技术应用的实施要点，并在此基础上由咨询方制定具体的 BIM 技术应用导则（如管线综合、碰撞检查、管线命名规则、系统颜色、三维节点详图、实体工程量出量规则等），具体包含以下内容：

（1）在具体施工前，针对复杂的施工节点及管线综合排布密集区域，提供多种解决方案，考虑到施工便利性、空间利用和成本节约要素，确保方案最优解。

（2）BIM 优化及实施方案宜通过咨询方、业主方、设计单位、施工单位和专业施工班组研讨与沟通，听取各专业机电工程师的意见，给设计单位修改设计方案提供合理化建议，通过多次调整 BIM 模型与数据，结合传统的算量软件计算出清单工程量与 BIM 优化后的实体模型工程量进行对标，核算工程量与工程造价成本节约率。

(3) 针对 BIM 技术优化的施工区域，应保证 BIM 模型一次成型、一次验收通过、减少施工现场后期变更。

(4) 针对 BIM 技术提出的优化及解决方案，依照模型提取实体工程量，进行工程造价成本预控，确保 BIM 实施的应用价值，加快施工进度，为项目实施、合理安排施工组织计划提供数据支持。

三、项目实施 BIM 技术成本管控理念

(一) 成本数据集成

BIM 技术的核心是将平面的数据转换为动态的三维数据，通过数字化管理平台改善参建方之间的沟通方式，使项目实施过程中的工程管理人员及造价人员能够及时、准确地进行数据的筛选和调用，大大提高了工程造价成本控制的管理水平。

(二) 可视化资源计划

利用 BIM 技术提供的模型数据和工程管理数据结合，项目管理者可以更加合理地安排施工进度计划、材料与机器设备等资源分配、施工作业班组人员调配等。

(三) 项目决策模拟

在项目前期决策阶段，根据 BIM 模型提供的三维可视化构件与布局，通过不同的方案比对，选择最适合本项目的设计方案，测评估算与概算指标，在限额设计指标可控范围内进行优分与分配，不突破业主方投资额度。

(四) 多维度成本分析对比

从时间、工序、空间等三个维度进行成本分析对比，基于 BIM 技术进行三个维度的成本数据同步分析，从而快速达到项目预控目标，实现项目经济效益。

四、项目实施 BIM 成果

本项目通过对原 CAD 设计图纸进行三维模型创建及设计优化，实现室内管线综合排布、碰撞检查、净高检查、车辆交通路径与车位合理定位以及可视化设计交底和施工方案的确定，获得了丰富的 BIM 应用成果：

(1) 在传统项目管理流程中加入 BIM 技术，将直线式现场管理方式转变为职能式管理方式，采取多部门联动，确保了现场协调信息的高效流转，提高了施工管理的标准化。

(2) 在建模碰撞检测及图纸会审环节，发现管线与结构碰撞 220 项，管线碰撞 15830 项，合计 16050 项，复杂碰撞区域 89 处，并在施工前期全部解决，减少了不必要的施工返工，减少变更。

(3) 本项目地下车库机电管线，原业主方提供的已标价的工程量清单，合同价是 488 万元（直接成本费用），经过 BIM 实施优化，工程造价降低 8%。通过优化的三维机电管线模型，结合施工需要，做出重要部位的施工节点三维定位剖面详图，指导施工，加快施工进度，合理安排施工工作面。

(4) 在园林景观方案预选及造价分析中，通过将原设计方案平面图与节点详图转换成 BIM 实景模型，直观对比，进行方案比选及方案优化包括消防规范分析可行性，同时结合前后的工程造价对比分析，多次调整，将原定设计概算在原设计概算基础上核减 31%。

（5）通过综合运用 BIM5D 技术，提升项目管理水平，实现了物资、成本的实时跟踪分析，增强了项目管理咨询服务的核心竞争力。

五、项目实施 BIM 成本管控的实践过程

本项目采用 BIM 技术，为快速完成工程概预算，提高项目开发投资决策效率，采用 Revit 2017 软件快速建模，结合广联达等 BIM 工具软件与平台探索精细化项目管理方案。

本项目选用广联达 BIM 计量平台 GTJ2018、GQI2019 软件实现成本管控功能，随着项目的进展，工程造价数据将自动生成与施工节点进度对应的累计成本和当月成本，辅助完成工程造价数据的把控。

（一）项目组织

本项目在工程前期咨询阶段，成立了 BIM 咨询管理部，统一制定人员职责、建模标准、培训计划等工作制度，保证各参建方在统一架构下进行 BIM 工作。各参建方进场前均要求进行 BIM 管理体系学习，制定本专业 BIM 应用计划，并经业主方审核；进场后，各 BIM 小组按照统一的建模规则建立 BIM 模型，通过采集现场数据及信息，整合项目进度、技术参数、商务等信息与模型相互关联，定期进行 BIM 模型检查及应用总结，召开专题会议，根据审查意见进行 BIM 工作计划修订与实施，直至竣工模型交付。项目制定了岗位职责，明确 BIM 技术负责人和 BIM 技术工程师的岗位，确保 BIM 应用开展的流畅性与衔接性。

1. BIM 项目负责人职责

BIM 项目负责人是实施 BIM 应用的关键岗位。配置的人员应当具有足够的管理项目经验，并且了解 BIM 技术应用，其基本职责如下：

（1）依据相关的 BIM 标准和业主方与咨询方共同制定的 BIM 技术应用的实施要点，由咨询方结合现场实际情况制定具体的 BIM 技术应用点；

（2）根据项目的建筑信息模型数据需求，确定不同阶段建筑信息模型的内容与深度；

（3）根据项目的 BIM 应用需求，参与 BIM 软硬件方案决策，保证软硬件配置到位；

（4）建立并管理 BIM 项目小组，确定小组各人员职责，划分并创建各职能人员的用户权限；

（5）组织与 BIM 相关的会议及培训；

（6）控制建筑信息模型的质量及进度，并处理好各参建方与 BIM 相关的协调工作；

（7）负责审核与验收 BIM 应用的成果，管理并及时更新建筑信息模型；

（8）负责后期竣工模型及相关数据的移交与保存备份。

2. BIM 技术专业负责人职责

BIM 技术专业负责人是具有相应行业或专业技术知识的 BIM 技术人员，配合 BIM 项目负责人实施具体的 BIM 活动，应具备专业领域实施 BIM 项目的经验，其基本职责如下：

依据内蒙古《建筑信息模型（BIM）应用标准》和本公司 BIM 实施方案，负责实施建筑信息模型在不同阶段和专业的 BIM 应用；

（1）根据项目应用需求，策划或构建相应专业的建筑信息模型，并进行模型审核、整合与分析；

（2）落实与使用 BIM 相关的软硬件资源；

（3）支持 BIM 项目小组的活动，制定 BIM 实施细则，如文件结构、权限级别等；

（4）参加与 BIM 相关的会议及培训；

（5）维护建筑信息模型，并根据模型修改意见，及时协调并解决建筑信息模型相关问题；

（6）完成不同阶段和专业 BIM 应用实施，保证建筑信息模型及其应用成果的质量。

（二）BIM 成本管控过程

根据本项目 BIM 咨询的特点，最终选择了广联达及欧特克 Revit 两个软件系统进行整合应用，应用广联达软件做成本管控，应用欧特克 Revit 等 BIM 工具软件做方案优化及数据交互对接。

各参建方在 BIM 咨询工作实施前，根据 BIM 应用的内容，拟定相应的工作计划。BIM 小组成员负责整合、审核、查验各专业 BIM 模型及应用，并及时反馈意见，确保项目施工管理过程中 BIM 工作顺利进行。

同时建立会议制度，每两周进行一次 BIM 工作例会，由业主方发起。例会包含对上一次例会中关于 BIM 工作要求落实情况的汇报以及对下一阶段 BIM 工作要求与安排做出指导。

1. 应用广联达软件为项目搭建成本管控模型

富华公馆项目在招投标阶段使用广联达 BIM 计量平台 GTJ2018、GQI2019 软件进行建筑信息模型搭建，提供工程量清单数据（图 4-1）。

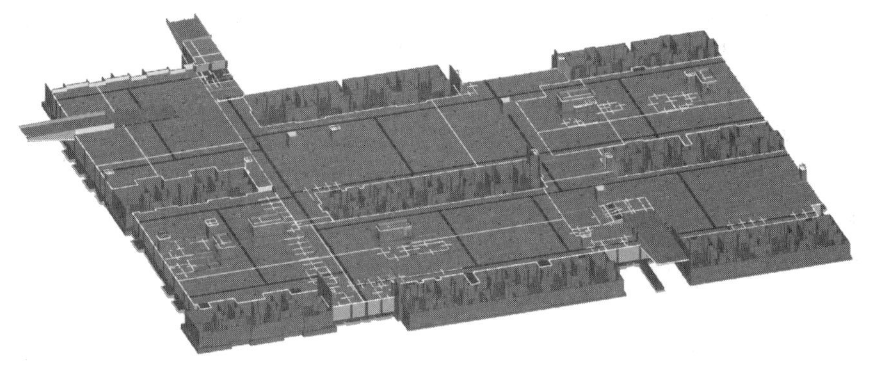

图 4-1　广联达 GTJ2018 创建的 BIM 计量模型

2. 使用 Revit 软件进行设计方案的优化

使用 Revit 软件进行三维建模，模型精细度达到 LOD400，提取管综优化后的机电管线工程量及园林景观方案设计工程量（图 4-2）。

BIM 模型搭建完成后，利用明细表功能生成相应的工程量，输出到 Excel 表格中进行进一步的编辑计算，输出工程量成果，结合综合单价进行成本分析。

例如在地下车库的机电管线安装工程中，通过 BIM 技术优化，根据各方最终确认的 BIM 实施方案，形成优化后的工程造价，与广联达软件形成的招投标工程量清单进行对标（表 4-1）。

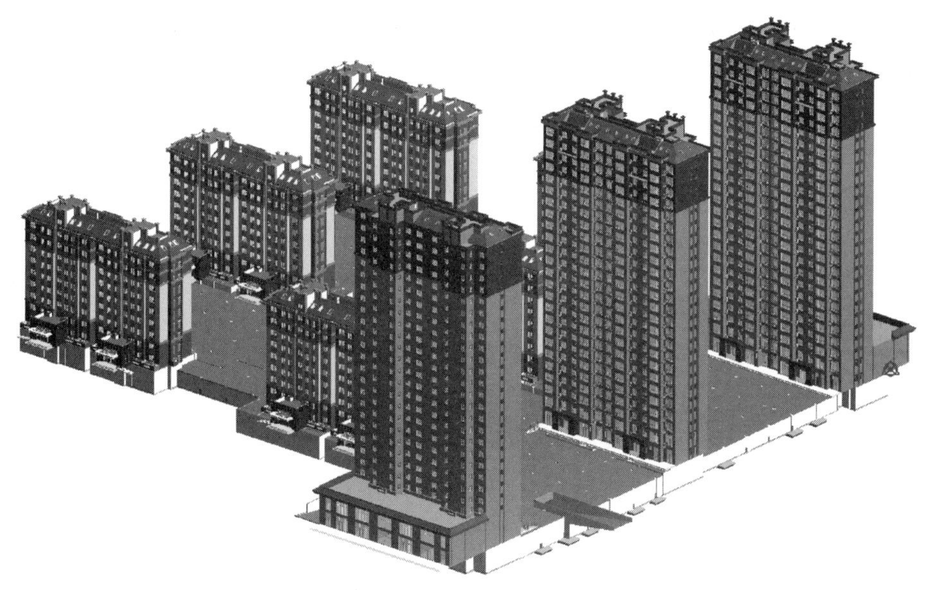

图 4-2　富华公馆小区整体模型

地下车库机电管线综合排布工程造价（直接成本）优化前后对比分析表（单位：元）

表 4-1

序号	分部分项工程	BIM 优化前	BIM 优化后	核减值
1	地库消火栓预算	251895	250790	1105
2	地库喷淋工程预算	628224	618863	9361
3	地库电气（一标段）	1615051	1607684	7367
4	地库电气（二标段）	604067	596555	7512
5	地下车库采暖工程（一标段）	471938	471119	819
6	地下车库采暖工程（二标段）	71847	67136	4711
7	地下车库给水排水工程（一标段）	658689	498237	160452
8	地下车库给水排水工程（二标段）	576450	392088	184362
	合计	4878161	4502472	375689

注：BIM 优化前的工程造价为合同工程量清单对应的合同价（直接成本费用），BIM 优化后的工程造价为地下车库机电管线采用 BIM 模型数据提供的实体工程量，重新按原合同综合单价计算的工程造价。

3. 模型深化应用

由于地下车库层高存在局限性，管线系统众多并且业主方对净高空间利用有着严格要求，在地下车库机电管线采用欧特克 Revit 2017 软件进行管综排布。

在后期 BIM 技术实施前，发现设计前期考虑的地库车位无法满足小区的实际使用数量，存在大量无法使用的车位，在管综排布前期，结合业主方及设计方意见，在部分开阔区域，拟考虑是否存在可以放置双层机械停车位的可能性，以满足后期使用要求（图 4-3）。

4. 提取工程量

通过欧特克 Revit 软件提取各种建筑构件图元的属性参数，并以表格的形式显示图元信息，自动创建构件信息统计表、工程量明细表等各种表格。

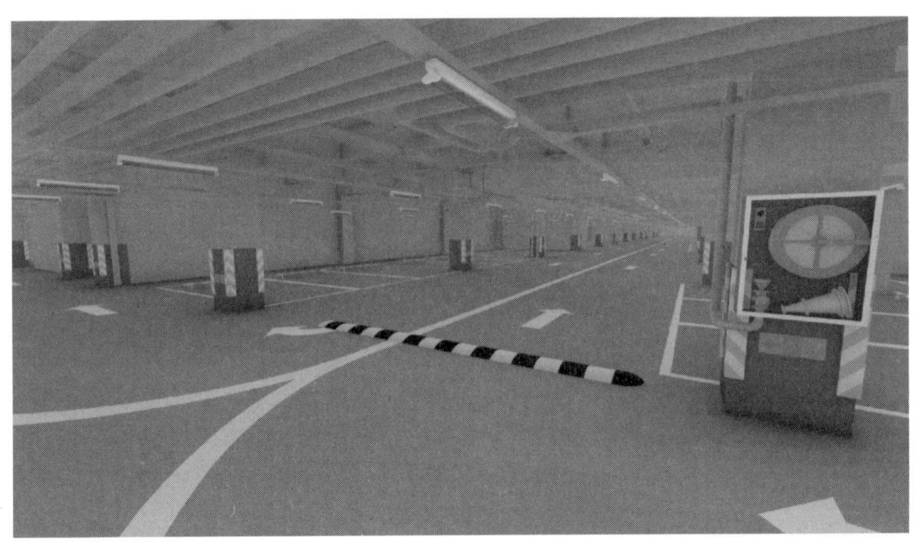

图 4-3　地下车库管综效果与车位排布图

在 Revit 软件中提取工程量，管线仅可以计取直线段管线长度，对于弯头及曲线路径的管线长度不能提取工程量，需通过在弯头构件内附加函数，确保弯头段可以提取出相应的工程量，让提取的工程量更加符合造价人员算量的应用习惯（图 4-4、图 4-5）。

<管道明细表>

A	B	C	D	E	F
分区	系统类型	直径	长度	材质	规格/类型
一标段	中区直饮水给回水	20.0 mm	18.08 m	不锈钢	GB/T 19228
一标段	中区直饮水给回水	20.0 mm	0.32 m	不锈钢	GB/T 19228
一标段	中区直饮水给回水	20.0 mm	0.33 m	不锈钢	GB/T 19228
一标段	中区直饮水给回水	20.0 mm	41.11 m	不锈钢	GB/T 19228
一标段	中区直饮水给回水	20.0 mm	0.41 m	不锈钢	GB/T 19228
一标段	中区直饮水给回水	20.0 mm	1.93 m	不锈钢	GB/T 19228
一标段	中区直饮水给回水	20.0 mm	2.38 m	不锈钢	GB/T 19228
不锈钢: 7			64.56 m		
20 mm: 7			64.56 m		
一标段	中区直饮水给回水	25.0 mm	1.64 m	不锈钢	GB/T 19228
一标段	中区直饮水给回水	25.0 mm	40.82 m	不锈钢	GB/T 19228
一标段	中区直饮水给回水	25.0 mm	0.33 m	不锈钢	GB/T 19228
一标段	中区直饮水给回水	25.0 mm	0.32 m	不锈钢	GB/T 19228
一标段	中区直饮水给回水	25.0 mm	17.75 m	不锈钢	GB/T 19228
一标段	中区直饮水给回水	25.0 mm	2.08 m	不锈钢	GB/T 19228
一标段	中区直饮水给回水	25.0 mm	0.38 m	不锈钢	GB/T 19228
不锈钢: 7			63.31 m		
25 mm: 7			63.31 m		
一标段	中区给水	50.0 mm	6.06 m	衬塑钢管	GB/T 13663 - 1.6 MPa
一标段	中区给水	50.0 mm	1.71 m	衬塑钢管	GB/T 13663 - 1.6 MPa
一标段	中区给水	50.0 mm	8.30 m	衬塑钢管	GB/T 13663 - 1.6 MPa
一标段	中区给水	50.0 mm	17.30 m	衬塑钢管	GB/T 13663 - 1.6 MPa
一标段	中区给水	50.0 mm	35.00 m	衬塑钢管	GB/T 13663 - 1.6 MPa
一标段	中区给水	50.0 mm	5.34 m	衬塑钢管	GB/T 13663 - 1.6 MPa
一标段	中区给水	50.0 mm	23.69 m	衬塑钢管	GB/T 13663 - 1.6 MPa
一标段	中区给水	50.0 mm	2.74 m	衬塑钢管	GB/T 13663 - 1.6 MPa
一标段	中区给水	50.0 mm	12.39 m	衬塑钢管	GB/T 13663 - 1.6 MPa
一标段	中区给水	50.0 mm	0.78 m	衬塑钢管	GB/T 13663 - 1.6 MPa

<管件明细表>

A	B	C	D
分区	系统类型	族	长度
一标段	中区给水	T形三通 - 常规	0.23 m
一标段	中区给水	T形三通 - 常规	0.23 m
一标段	中区给水	T形三通 - 常规	0.23 m
0.23 m: 3			0.69 m
一标段	中区给水	T形三通 - 常规	0.26 m
一标段	中区给水	T形三通 - 常规	0.26 m
0.26 m: 2			0.52 m
一标段	中区给水	T形三通 - 常规	0.32 m
0.32 m: 1			0.32 m
一标段	低区直饮水给回	T形三通 - 常规	0.09 m
一标段	低区直饮水给回	T形三通 - 常规	0.09 m
一标段	低区直饮水给回	T形三通 - 常规	0.09 m
一标段	低区直饮水给回	T形三通 - 常规	0.09 m
一标段	低区直饮水给回	T形三通 - 常规	0.09 m
一标段	低区直饮水给回	T形三通 - 常规	0.09 m
0.09 m: 6			0.52 m
一标段	低区直饮水给回	T形三通 - 常规	0.11 m
一标段	低区直饮水给回	T形三通 - 常规	0.11 m
一标段	低区直饮水给回	T形三通 - 常规	0.11 m
一标段	低区直饮水给回	T形三通 - 常规	0.11 m
一标段	低区直饮水给回	T形三通 - 常规	0.11 m
一标段	低区直饮水给回	T形三通 - 常规	0.11 m
一标段	低区直饮水给回	T形三通 - 常规	0.11 m
0.11 m: 7			0.80 m

图 4-4　管道明细表

5. 应用欧特克 Revit 2017 软件创建园林景观三维模型

原设计单位提供的园林景观设计只有大致的景观造物及绿植数量，其他工程量不能在整个项目中合理提取。这会导致施工中经常会根据场地的变化发生设计变更，与实际工程量产生差距，影响后续的精细化成本管控。

通过 BIM 技术，将富华公馆项目园林景观原平面图设计体现的施工环境各种现状模块和区块节点通过三维仿真效果绘制，更好地体现出园林景观平面设计思想和方案

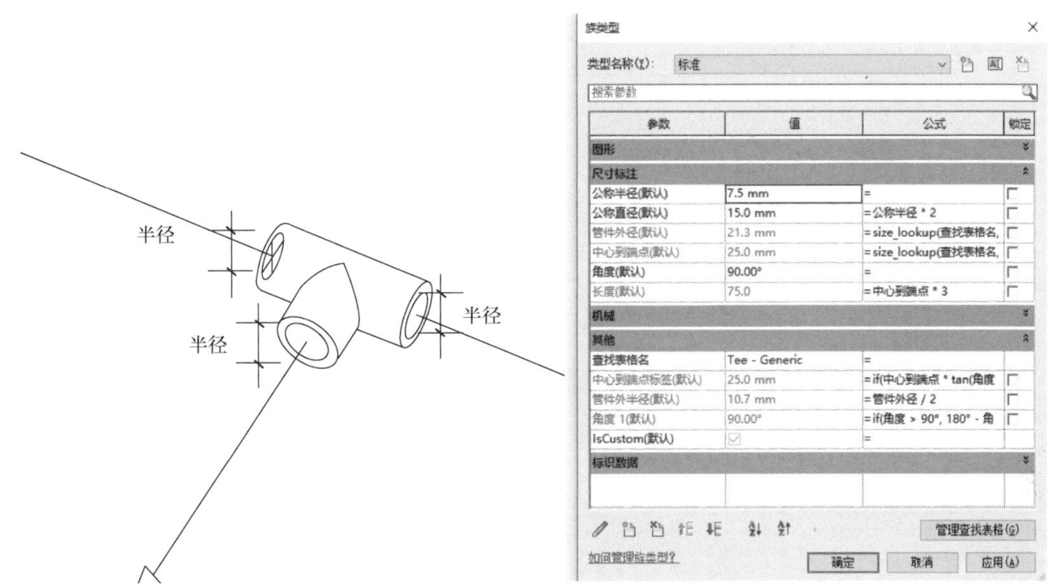

图 4-5　便于统计给水管件工程量添加参数

设计的局部效果和整体表现。同时通过复原的实际场景进行工程量计取，并进行多方案展示包括消防规范分析可行性，将不同方案的工程造价进行具体分析，将不同的方案及造价提供给业主方，方便业主方决策层进行快速决策，满足后期园林景观设计的一次成型。

1）园林景观的优化及方案选型

在项目开发初期，让景观设计师、建筑及土木专业工程师等协同合作，清楚传达设计理念，亦可根据设计图纸细部进行绘制详图。利用欧特克 Revit 2017 软件拟真的效果呈现等功能，将墙体、地砖、造型构件等清晰明确地表达出来，并且通过明细表结合计算规则，生成园林景观的工程量明细及细部图纸。

在地砖排布方面，因存在大量图案，导致冗长的建模时间，我们采取同体积代换的方式，将不同材质不同颜色的地砖的体积量化，然后进行计算，得出不同地砖所需要的实际数量，方便后期的一次采购。

同时，为了更加精细化地展示园林景观设计方案的不同，本项目构建了多种景观小品、体育器械、景观绿植墙，确保完整表达设计意图，例如只需体现景观造型的构件，仅提取其数量；需要提取工程量的构件，则附加公式，提取工程量。并依照不同方案，将这些园林景观构件进行列表统计，方便后期的比选（图 4-6～图 4-8）。

2）园林景观方案的工程量提取及概算

通过园林景观设计方案比对优选，确定最终的景观设计方案（图 4-9），并通过欧特克 Revit 2017 软件提取园林景观方案工程量，依照模型工程量进行概算复核（表 4-2）。

富华公馆小区园林景观工程量　　**表 4-2**

结构材质	默认的厚度	面积	体积	标高	顶部高程
咖色烧结砖	250	624.02	155.98	0.000	变化

续表

结构材质	默认的厚度	面积	体积	标高	顶部高程
土壤	300	2027.97	608.39	车库顶	−700
土壤	1400	12182.64	17055.69	车库顶	−700
塑木	50	2.62	0.13	0.000	650
大理石	100	42.36	4.24	0.000	变化
大理石	250	1344.53	336.13	0.000	变化
大理石	300	27.38	8.21	0.000	变化
沙地	250	16.46	4.12	0.000	−500
淡蓝色橡胶	250	5.24	1.31	0.000	−450
深灰色烧结砖	250	17.08	4.27	0.000	变化
深灰色花岗岩	250	409.43	102.35	0.000	变化
红色烧结砖	400	3723.42	1489.37	0.000	−300
芝麻灰花岗岩火烧面	300	1169.73	350.92	0.000	变化
人工草坪	250	15426.15	3856.7	0.000	变化
蓝色橡胶	250	16.97	4.24	0.000	−450
黄色橡胶	250	4.24	1.06	0.000	−450
黄色烧结砖	250	952.09	238.02	0.000	变化

图4-6 富华公馆小区整体园林景观效果

通过欧特克Revit 2017软件提取工程量，富华公馆园林景观工程概算从原设计概算基础上核减31%。通过BIM技术，业主方从抽象到具象选择了比较满意的园林景观设计方案，进行造价对比分析，便于业主方把控园林景观工程成本，将管理模型从记账型管理转变为成本控制型管理（表4-3）。

图4-7　富华公馆小区局部园林景观图

图4-8　富华公馆小区局部园林景观图

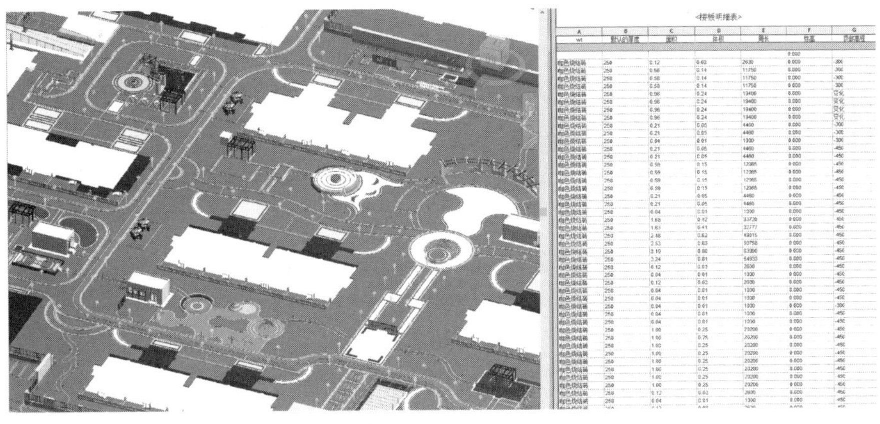

图4-9　富华公馆小区局部园林景观图

工程概算复核表 **表 4-3**

序号	项目类别	概算价（万元）	复核价（万元）	核减值（万元）
1	土建工程	857.5	585.6	271.9
2	安装工程	139.8	86.5	53.3
3	绿化工程	264.6	195.2	69.5
	小计	1261.9	867.3	394.7
4	税金 9%	113.57	78.06	35.52
	合计	1375.47	945.36	430.22

（三）BIM 成本管控方法

1. 管线综合

通过创建各专业的三维可视化的 BIM 模型进行集成碰撞，从根本上解决未来可能发生的工程变更，是本项目 BIM 成本管控的一个重要举措。本项目在 BIM 咨询实施过程中，建立了包括建筑结构、机电各专业以及精装修模型，把这些模型集成在一起，进行集成碰撞。在建模和集成的过程中，找出来各专业设计之间的不协调的部位，从根本上解决后期设计变更问题，节约后期变更成本（图 4-10、图 4-11）。

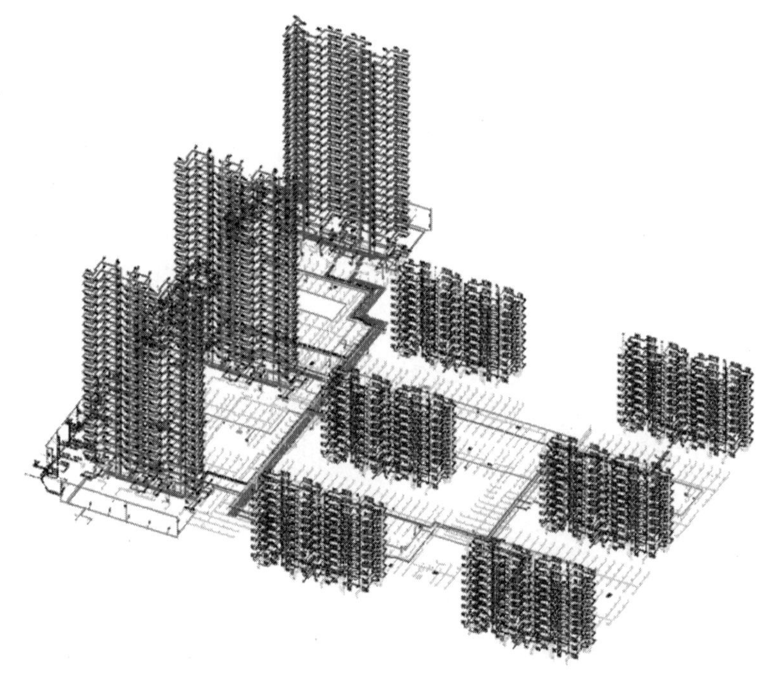

图 4-10　富华公馆小区采暖、消防系统

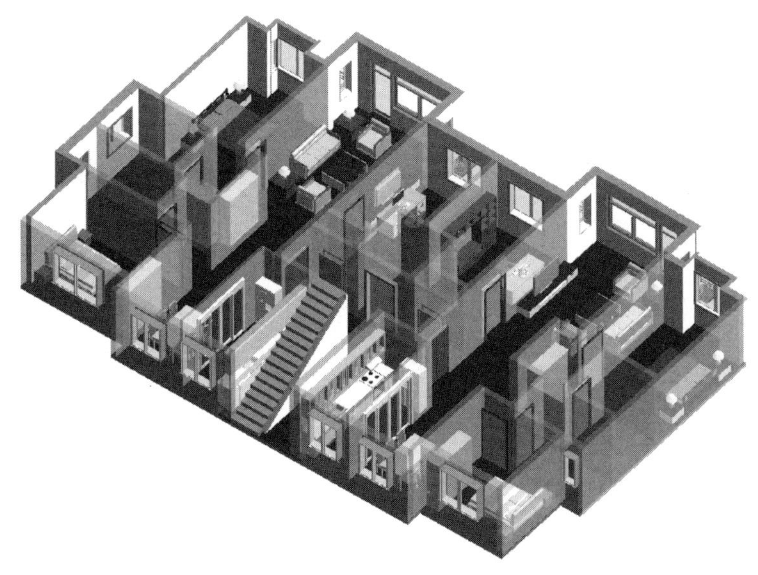

图 4-11　富华公馆样板间装修示意图

在全专业碰撞检查过程中，主要采取 BIM 技术辅助图纸会审，通过模型前后的变更进行造价比对，将发现的问题及时传递给各工程参建方和业主方进行沟通和调整，汇总和整理变更信息，通过工程的整体实施情况分析，结合以往的工程造价数据，实现机电管线及装修样板间等细化应用，在前期节约成本 5%～10%。

首先在项目实施管线综合前，根据相关设计规范先制定 BIM 优化基本原则(图 4-12)。然后在建模过程中发现设计本身存在的一些不合理的问题，通过各专业的模型进行管线综合，根据设定的冲突检测及管线综合的基本原则，使用软件检查发现模型中的冲突和碰撞（图 4-13）。最后后期施工过程根据 BIM 模型进行施工，节省材料的同时提高施工效率。

> 管道排布避让原则：小管避让大管，有压管避让无压管，水管避让风管，电管、桥架应在水管上方。先安装大管后安装小管，先施工无压管后施工有压管，先安装上层的电管，桥架后安装下层水管。
>
> 因此，根据近年来的管线施工经验，在进行系统综合管线布置时应坚持以下原则：
>
> 5.1.1. 小管避让大管，因小管具有造价低、易安装、便于翻弯的特点；
>
> 5.1.2. 临时性管线避让永久性管线，以保证永久性管线在寿命期内的稳定性；
>
> 5.1.3.新建管线避让原有管线，避免对原有管线造成不利影响；

图 4-12　富华公馆 BIM 优化基本原则节选

在富华公馆小区项目中存在一个难以避免的问题，就是 BIM 团队的介入时间比较滞后。

施工前期地库管线众多，BIM 咨询团队正式介入时，地库的人防区域结构部分已完成，人防墙体预留孔洞已经完全定型，导致后期的管线综合排布在跨区域时存在极大的局限及挑战。

为防止重大返工和设计与施工更改带来的工期延误，BIM 团队推翻原定的管线综合方式，从原来的“室外—机房—复杂区域—跨区域”的线性排布方式，转变为“人防墙体

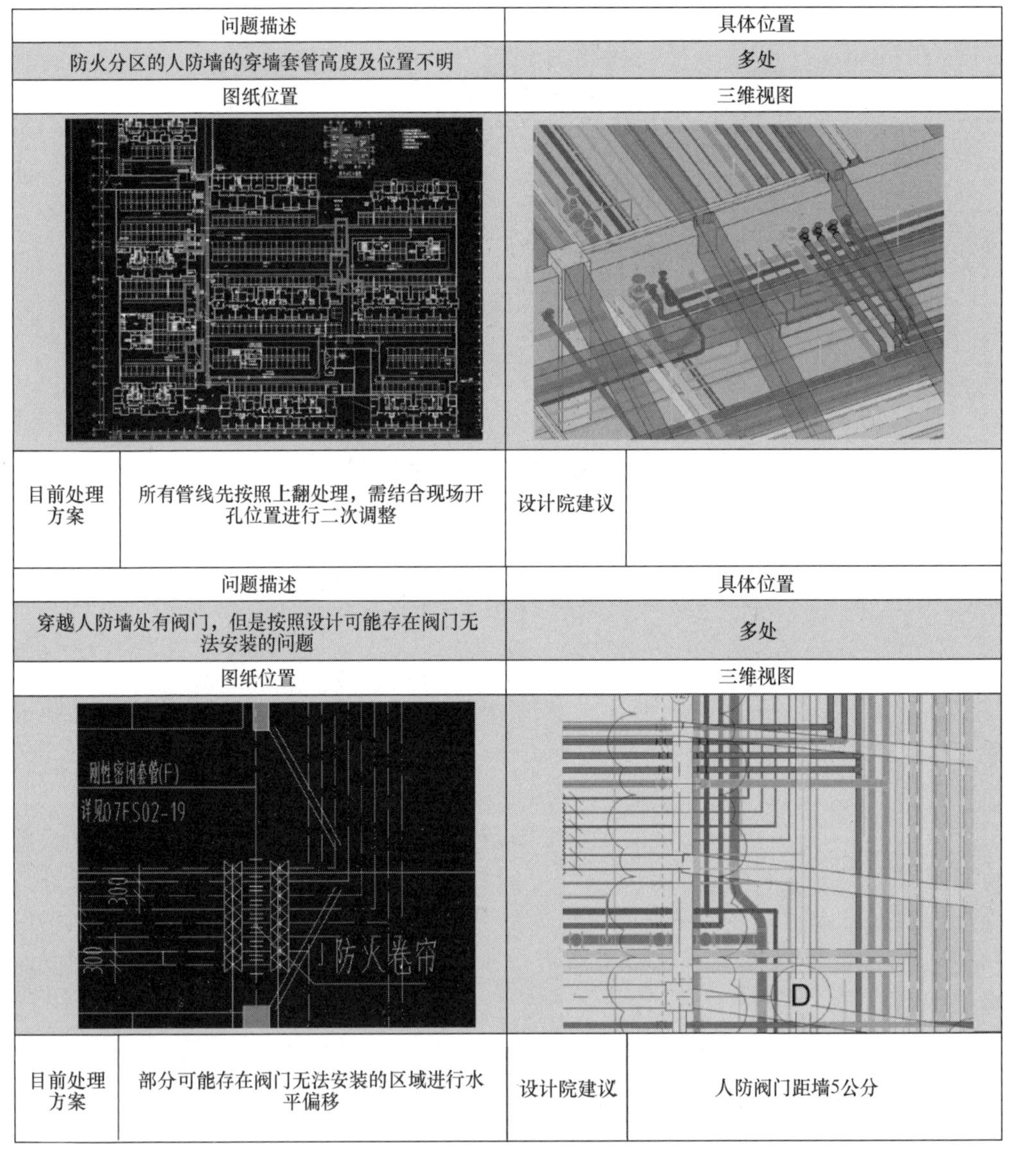

问题描述		具体位置	
防火分区的人防墙的穿墙套管高度及位置不明		多处	
图纸位置		三维视图	
目前处理方案	所有管线先按照上翻处理，需结合现场开孔位置进行二次调整	设计院建议	
问题描述		具体位置	
穿越人防墙处有阀门，但是按照设计可能存在阀门无法安装的问题		多处	
图纸位置		三维视图	
目前处理方案	部分可能存在阀门无法安装的区域进行水平偏移	设计院建议	人防阀门距墙5公分

图 4-13　碰撞检测报告节选

穿墙套管一机房”的双向对接式优化排布。

在排布过程中编写冲突检测报告，提交给业主方，经业主方确认后调整模型。对一般性调整或节点的设计优化等工作，由 BIM 小组修改优化；变更量较大时，可由业主方提请原设计单位协调后确定优化调整方案。逐一调整模型，确保各专业之间的冲突与碰撞问题最终得到解决。

在管线综合优化完毕后，编写优化报告，在报告中详细记录调整前各专业模型之间的冲突和碰撞，根据冲突检测的基本原则和解决方案，对空间冲突、管线综合优化前后进行对比说明。其中，优化后的管线排布平面图和剖面图，能精确反映水平定位及竖向标高标注（图 4-14、图 4-15）。

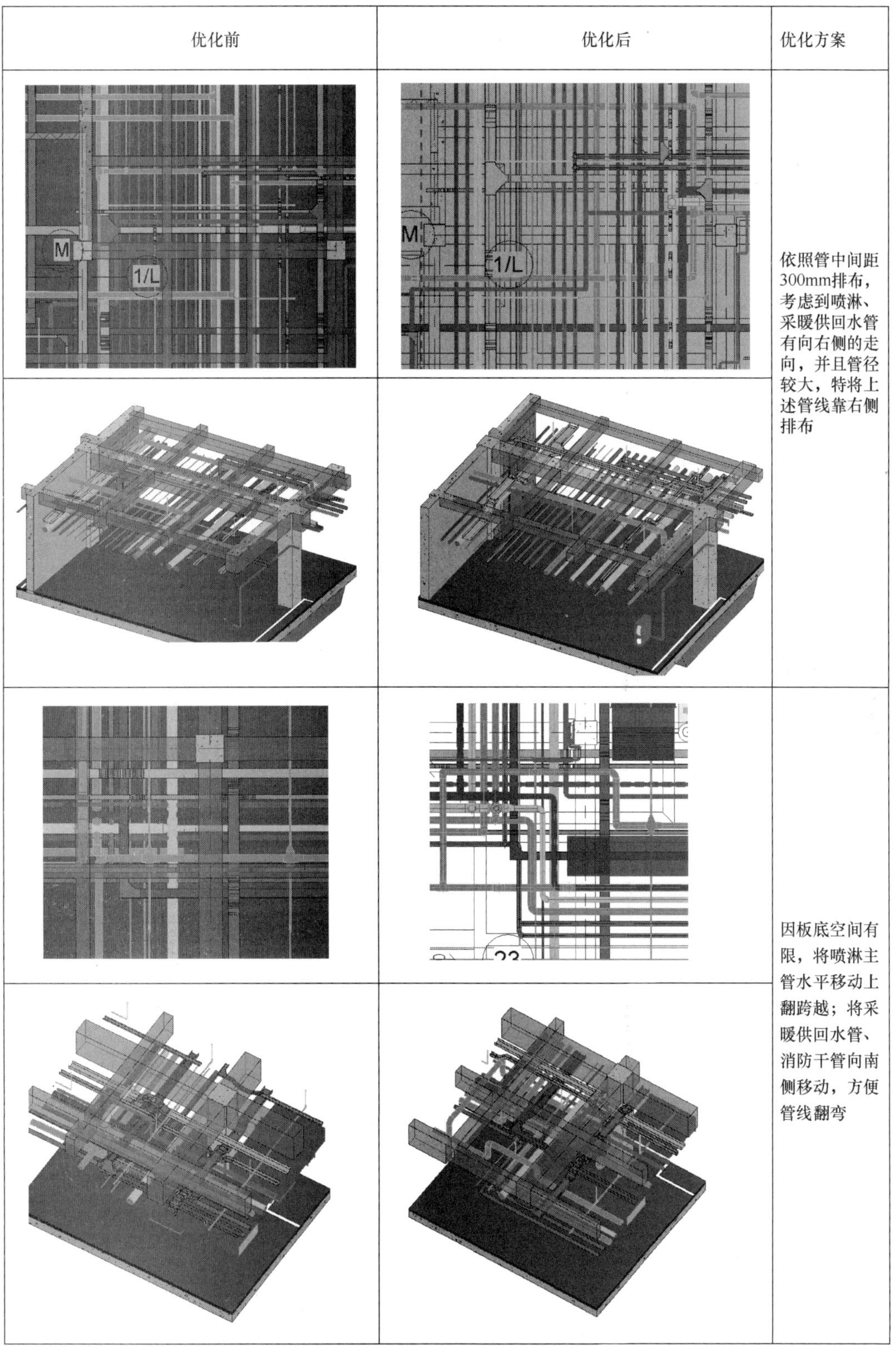

优化前	优化后	优化方案
		依照管中间距300mm排布，考虑到喷淋、采暖供回水管有向右侧的走向，并且管径较大，特将上述管线靠右侧排布
		因板底空间有限，将喷淋主管水平移动上翻跨越；将采暖供回水管、消防干管向南侧移动，方便管线翻弯

图 4-14　优化方案及效果展示

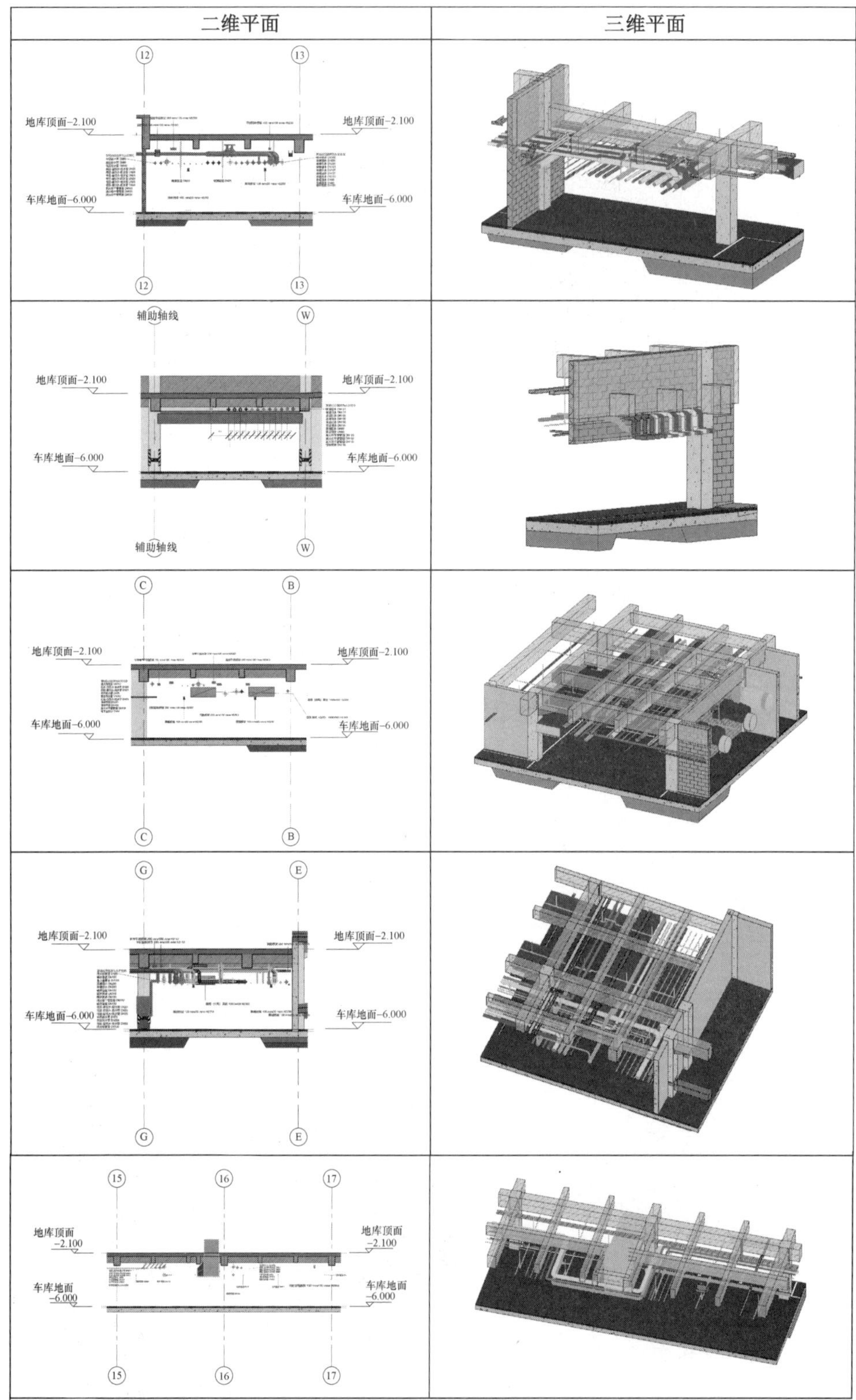

图 4-15 优化后管线排布平面图和剖面图

同时，在管线综合优化的过程中，使用 Fuzor、Navisworks 等软件对各个区域的净高进行检查和控制，大大减少施工过程的返工，真正为项目投资节省成本。在施工阶段，业主方、设计方和施工方利用三维模型进行图纸会审和施工设计交底（图 4-16）。

图 4-16　净高复合

2. 停车位优化

在地下车库综合管线排布及净高检查完成后，依照“地库面积÷每车位摊 35m^2 占位面积”的方式计算出车位数量约为 400 个，因原设计的车位位置设置不合理，存在部分车位使用不便的情况，导致实际可使用车位数量不足 400 个，现结合地下车库管综排布及净高检查的综合考量，在部分区域合理设置双层机械停车位，以满足地下车库的车位数量要求。

3. 施工进度优化

使用广联达 BIM5D 平台，将施工进度横道图计划与 BIM 模型进行整合，以 4D 的形式直观地反映出来，项目管理人员可以清晰地了解整个工程模拟的计划进度安排（图 4-17）。

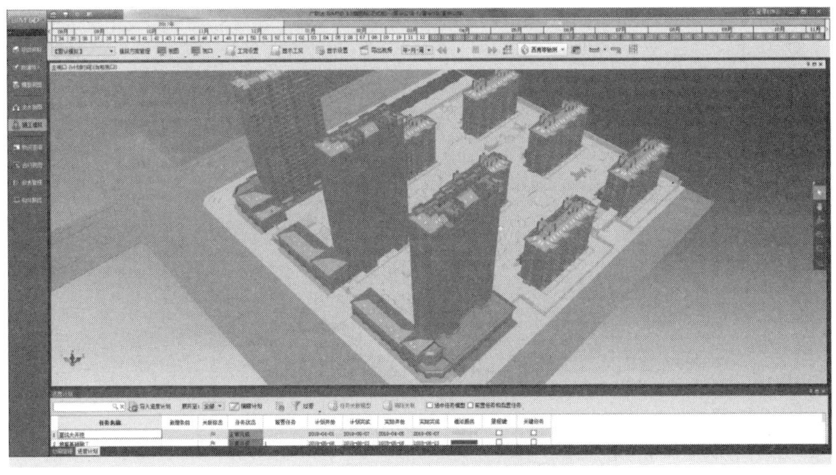

图 4-17　BIM 施工进度与模型进行关联

通过施工进度三维展示及时发现每个关键的施工环节的重点、难点，制定更完善合理且可行的进度计划，保证整个项目实施过程中人力、材料、机械安排的合理性。

结合工程项目施工进度计划的文件和资料，将模型与进度计划文件整合，形成各施工时间、施工工作安排、现场施工工序完整统一并可以表现整个项目施工情况的进度计划模拟文件。

根据可视的施工进度计划，及时发现计划中亟待完善的施工节点区域，整合各相关单位的意见和建议，对施工计划模拟进行优化、调整，形成合理、可行且符合施工合同目的的整体项目施工计划方案。

将传统的预估工期结合现有BIM管综优化方案，制定新的施工进度计划，采取平行施工作业，节约大量安装时间（图4-18）。

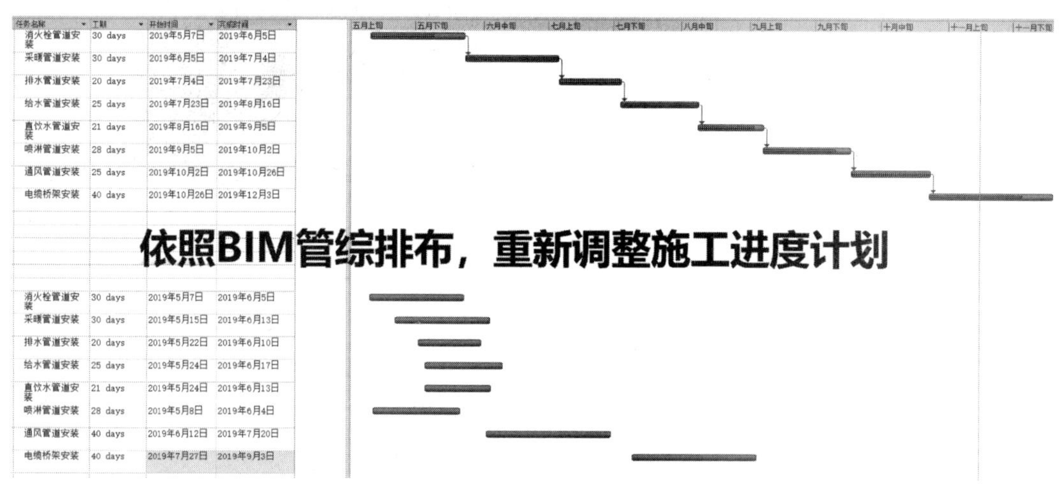

图4-18 依照BIM优化方案进行进度优化

在项目实施过程中，利用施工进度计划指导施工中各具体工作，辅助施工管理，并不断进行实际进度与项目计划间的对比分析，如有偏差，分析并解决项目中存在的潜在问题，例如在机电管线的安装方式上，采用同步流水作业施工，依照BIM优化方案进行管线安装，随时更新调整施工计划，最终达到合同和业主方的要求（图4-19）。

富华公馆Ⅱ标段2019年施工计划

工序＼时间	2019.6月份	2019.7月份	2019.8月份	2019.9月份	2019.10月份	2019.11月份	2019.12月份	2020.1.2月份
7#楼二次结构								
8#楼二次结构								
9#楼二次结构								
商业主体施工					2#商业			
商业二次结构								
地库顶板防水								
地库顶板回填土								
主楼外墙保温								
主楼外墙涂料、墙砖								
7、8、9#楼室内抹灰								
住户室内刮白								
室内公共部分装修								
窗户安装								
入户门安装								
室内水电安装工程								
水电外网工程								
水电调试								
卫生清理								
预验收								
问题整改								
竣工验收及备案								

图4-19 富华公馆Ⅱ标段2019施工计划

根据施工活动工作分解结构（WBS）的要求，分别列出各进度计划的活动（WBS 工作包）内容。根据施工方案确定分部分项工序的施工流程及逻辑关系，制定优化后的施工进度计划。将进度计划与三维建筑信息模型链接、关联生成施工进度管理模型。

利用施工进度管理模型进行可视化施工模拟，检查施工进度计划是否满足约束条件、是否达到最优状况。若不满足，需要进行进一步优化和调整，优化后的计划可作为正式施工进度计划。经项目经理批准后，报业主方及监理工程师审批，用于指导施工项目实施。

在进度管理软件系统中输入实际进度信息后，通过实际进度与项目计划间的对比分析，发现二者之间的偏差，分析并指出项目中存在的潜在问题。对进度偏差进行调整以及更新目标计划，以达到多方平衡，实现进度管理的最终目的，并生成施工进度的控制报告。

针对施工作业模型，加入构件参数化信息与构件项目特征及相关描述信息，完善建筑信息模型中的成本信息。

利用软件提取施工作业模型中的工程量信息，得到的工程量信息可作为建筑工程招投标时编制工程量清单与招标控制价格的依据，也可作为施工图预算的依据。同时，从模型中提取的工程量信息应满足合同约定的计量、计价规范要求。

业主方可利用施工作业模型实现动态成本的监控与管理，并实现目标成本控制与工程结算工作前置。施工单位根据优化的动态模型实时获取成本信息，动态合理地配置施工过程中所需的资源。

六、经验总结和展望

富华公馆的 BIM 咨询是在项目实施过程中开展的，受到的约束较多，也因此积累了一定的经验。

（1）项目的实施，一个好的管理信息平台至关重要，本项目在实施前建立了一个协同的管理信息平台，协调每个团队之间的沟通，减少团队之间的接口冲突，省去数据传递和交互的时间，大幅提升了沟通协作和工程整合的效率，建构起一个传递于营建工程生命周期各阶段的信息整合作业环境，以达到提供 BIM 系统解决方案，满足客户需求的目的。

（2）在 BIM 协同作业的模式下，提前仿真建筑完工后的样貌，可以在设计阶段提早检查出设计错误与冲突，提出更好的解决方案，实现彼此进行高效的协商讨论，让各个领域的专业设计人员和工程师及业主方代表，可以更好地理解其他领域的设计师考虑的因素，避免错误延伸至施工阶段以及后续阶段。

（3）在设计过程中，通过 BIM 模拟以及 BIM 造价分析，实现多方案比对，选择最优的方案，体现了 BIM 技术咨询服务对于成本管控的前瞻性及优化性。

项目组成员：
范东利　内蒙古东煜工程咨询有限公司总经理
谷振源　内蒙古东煜工程咨询有限公司 BIM 工程师 BIM 中心主任
郝建军　内蒙古东煜工程咨询有限公司 BIM 工程师 BIM 中心副主任
屈　皓　内蒙古东煜工程咨询有限公司 BIM 工程师 土建方向造价
邢俊楠　内蒙古东煜工程咨询有限公司 BIM 工程师 安装方向造价

单位简介：

内蒙古东煜工程咨询有限公司主要从事于：工程管理咨询服务；政府与社会资本合作项目咨询与策划；BIM 咨询；工程技术推广和咨询与培训服务；工程预结算咨询与服务；招投标方案编制；建筑模型设计与制作等。

2016 年开始组建 BIM 团队，先后到深圳、上海、西安、北京等地学习建筑信息化 BIM 技术，在内蒙古各高等院校开展 BIM 培训、讲座，推广 BIM 应用，参加各届内蒙古 BIM 联盟比赛。公司 BIM 中心现有 BIM 相关专业工程师 5 人，预算类专业工程师 8 人，办公面积 197m^2，办公电脑与办公软件齐全，包括常用 BIM 类工具软件与平台。

【案例 5】基于 BIM 的工程造价应用探索

——云城项目北地块

范存磊　刘　冬　朱韵怡　范　涛
四川开元能信工程管理有限公司　四川　成都　610094

摘　要： BIM 技术已成为当前建筑行业热门话题，从建筑全生命周期开始，各项目参与单位都在开展 BIM 相关技术的研究与应用。本文主要是通过分析实际发生的案例，对现阶段基于 BIM 技术工程造价应用实施流程及应用效果进行说明，可用于辅助指导建设单位基于 BIM 的工程造价应用，提前规避项目实施中的问题，进行合理的流程管理。同时，当前 BIM 正向设计在政策和市场的推动下，已经成为大部分大型设计院研究的一个方向，本文在基于业主或 BIM 咨询单位统筹 BIM 顶层设计，设计单位进行正向设计的情况下，对基于 BIM 的工程造价提出对应人才建设方案，可快速提高传统过控单位算量速度及准确率。

关键词： BIM 模型；算量；流程管理

一、项目概况

本项目位于成都天府新区，总用地面积约 45066.58m²，总建筑面积 28.49 万 m²。地面下设 2 层地下室，分别为地下车库和商业。地上部分为 5 号至 10 号楼（表 5-1）。

本项目概况及其对应数据　　　　**表 5-1**

楼号	05 号	06 号	07 号	08 号	09 号	10 号
面积	13012.7m²	5466.9m²	72435.1m²	7684.7m²	15740.4m²	36591.0m²
楼层数	15	5	33	5	16	30
高度	59.18m	23.6m	135.9m	22.5m	61.8m	98.1m
结构形式	框架-剪力墙	框架	框架-核心筒	框架	框架-剪力墙	剪力墙
业态	带二层底商办公楼	带一层底商办公楼	带二层底商办公楼	带二层底商办公楼	酒店	带一层底商办公楼

此次 BIM 造价咨询服务范围，包含如下内容：土石方工程；桩基工程；钢筋、混凝土、模板工程；砌筑工程；装饰工程；预留预埋及设备基础；机电工程（给排水、电气）；燃气工程；金属工程；保温工程；防水工程；总平管网工程；外立面门窗、百叶、栏杆、外墙涂料、外墙保温；装修；景观；中央空调；外立面幕墙装饰；钢结构工程。

二、业主背景描述及对 BIM 成本管控的基本理念和要求

现阶段本项目业主单位大量项目开始引入 BIM 技术，主要是通过 BIM 技术在设计和施工阶段提前发现问题，并在施工阶段出图用于指导现场施工。BIM 技术在项目中的具

体工作由总包的 BIM 施工咨询单位负责，BIM 施工咨询单位对总包工程技术部门负责，总包工程技术部门对业主工程部门负责。

在此情况下，业主成本部门结合 BIM 发展趋势，并考虑模型的多阶段利用，引入 BIM 造价团队，短期目标包括：

（1）以企业清单作为基础，通过 BIM 模型确定企业清单中的可算量清单项（即确定 BIM 的可算量范围）；

（2）以企业清单作为基础，通过与传统过控对量确定清单工程量的精准度（即确定 BIM 算量的准确性）；

（3）根据现场变更，形成变更模型，输出 BIM 变更工程量，并与过控单位进行对比；

（4）根据实际项目模型搭建细则，编制全专业模型搭建标准，用于后期正向设计阶段成本模型搭建要求。

长期目标则为通过正向设计模式，以 BIM 造价阶段的模型搭建标准和 BIM 施工阶段的模型搭建标准来进行设计模型的约束，快速、精准地计算工程量，确保正向设计模型能够从造价、施工、竣工的多层次、多维度、全过程进行应用。

三、项目实施 BIM 成本管理与成果

在项目前期阶段，通过 BIM 造价咨询单位介入，匹配过控单位全过程造价咨询范围，确定通过 BIM 模型进行算量的覆盖率及准确性，并在施工阶段进行动态成本管理，对项目进行变更管理、进度款支付管理。一方面可以检验 BIM 模型工程量的准确率，为后期通过 BIM 模型进行工程量统计做基础；另一方面能够通过 BIM 模型工程量辅助校核过控单位工程量，提高准确率。

工程完成后，需要输出以下成果，如表 5-2 所示。

BIM 模型成果 **表 5-2**

序号	阶段	成果清单
1	总价形成阶段	（1）设计 BIM 模型审核纪要 （2）造价 BIM 模型（RVT 格式） （3）工程量清单编制说明 （4）工程量清单汇总表 （5）工程量清单及参考价 （6）工程量计算书 （7）分包工程工程量清单 （8）工程造价指标分析表 （9）工程量清单编制报告 （10）BIM 造价与过控造价工程量对比分析表 （11）修正版 BIM 造价模型建模规范
2	动态成本管理阶段	（1）结算审计说明 （2）结算审计对照表 （3）周清周结台账 （4）实际进度造价 BIM 模型
3	BIM 造价应用成果整理	全过程 BIM 造价实施手册

四、项目实施 BIM 成本管控实践过程

BIM 造价咨询单位在项目建设过程中介入时间较晚，所有蓝图已经下发，BIM 施工咨询单位已同步完成施工模型，并已完成管线综合调整优化。过控单位已完成部分工程量清单编制、审核及招标工作。

BIM 造价咨询单位需要根据 BIM 施工咨询单位已完成的优化模型进行模型算量。介入项目前期，BIM 造价咨询单位开始根据项目实际情况制定该项目 BIM 实施策划，确定组织架构、实施流程、工作计划、项目风险分析及保证体系等（图 5-1）。

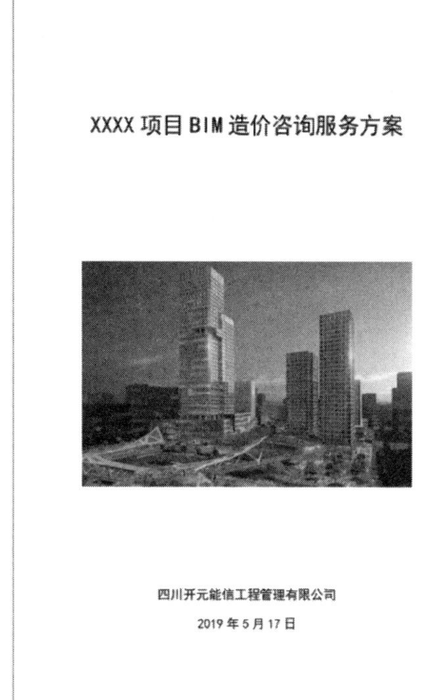

XXXX 项目 BIM 造价咨询服务方案

四川开元能信工程管理有限公司

2019 年 5 月 17 日

XXXX 项目 BIM 造价咨询服务方案

目录

一、实施目标：……1
二、BIM 造价工作周期及算量范围……1
2.1 周期……2
2.2 算量范围……3
三、BIM 造价咨询流程及内容细节……4
3.1 BIM 造价咨询流程……4
3.2 总价形成阶段 BIM 造价应用：……6
3.2.1 模型审核……6
3.2.2 模型修改及信息添加……7
3.2.3 工程量输出及清单编制……9
3.2.4 数据对比分析总结……12
3.3 动态成本管理 BIM 造价应用……13
3.3.1 变更管理与周清周结……14
3.3.2 进度款支付审核……16
3.3.3 甲供材管理……18
3.3.4 优化后 BIM 工程量复盘……20
附件 1:咨询人员配备名单……22
附件 2 BIM 造价成果清单一览表……23
附件 3 BIM 造价工作开展时间计划……24

图 5-1　项目实施策划

（一）项目组织

1. 外部组织

本项目 BIM 成本应用由建设单位成本部门牵头，BIM 造价咨询单位进行具体实施，过程中以 BIM 施工咨询单位提供模型作为基础，进行造价 BIM 模型修改及信息添加，从而形成造价 BIM 模型。并依据 BIM 造价模型进行模型算量，套取企业清单，完成后过控单位配合 BIM 造价咨询单位进行清单工程量核对。

在实施过程中，过控单位对项目成本部门负责，BIM 造价咨询单位对公司成本部门负责，BIM 咨询单位对施工总包负责。过控单位、BIM 造价咨询单位、BIM 施工咨询单位处于平行关系，且三家单位分别与设计单位进行图纸疑问沟通。BIM 成本咨询单位以项目成本部项目作为实际实施案例，并由公司成本部协调项目成本部过控单位及施工总包

BIM 施工咨询配合 BIM 成本咨询单位（图 5-2）。

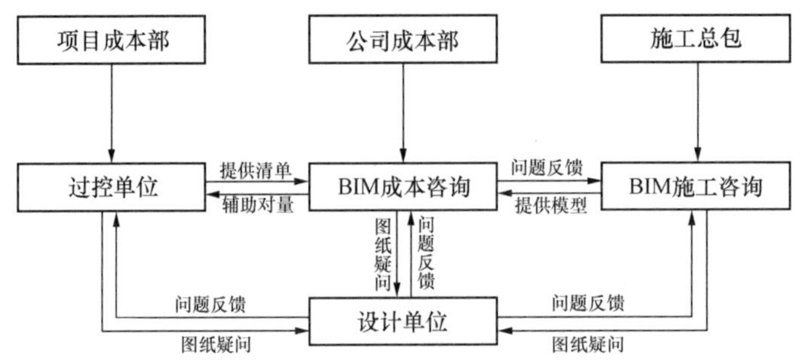

图 5-2　外部组织关系图

各参与单位在 BIM 造价应用中承担的职责如表 5-3 所示。

各参与单位及其职责分工　　**表 5-3**

参与单位	职责及分工
业主单位成本部	统领 BIM 造价工作、协调施工 BIM 咨询单位、过控单位与造价 BIM 咨询单位的配合
BIM 施工咨询单位	主要负责各专业模型搭建及变更模型修改
BIM 造价咨询单位	负责审核、修改施工 BIM 咨询单位模型，模型信息添加，模型工程量统计，与过控单位工程量对比分析，施工阶段模型变更工程量输出，进度款支付管理，输出模型搭建标准
过控单位	负责配合 BIM 造价咨询单位进行工程量对比分析，双方相互验证清单工程量的正确性
设计单位	负责对各方提出的图纸疑问进行反馈

2. 内部组织

通过了解项目业主成本部实际需求、梳理实施流程、评估模型修改工作量，预判项目实施过程中可能出现的困难点，包括各单位之间配合难度大、各方图纸版本难以统一、图纸疑问难以同步，尤其是各平行关系单位之间配合问题，增加项目整体协调难度。同时，通过分析确定项目土建模型核查修改、各专业清单工程量对比所花时间占比大。

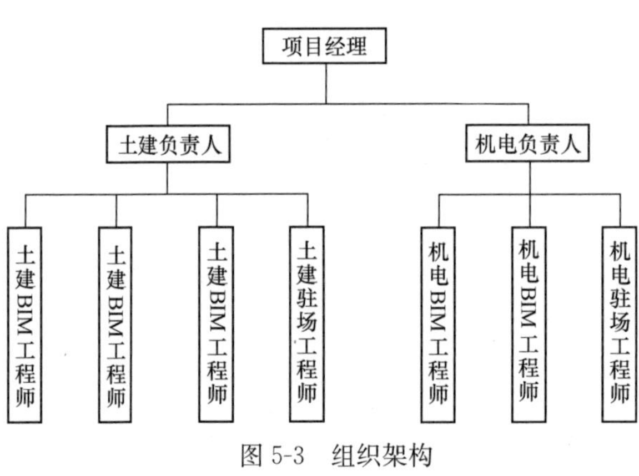

图 5-3　组织架构

综上分析，我司派出由 10 人组成的 BIM 造价咨询团队：项目经理 1 人，专业负责人 2 人，土建 BIM 工程师 4 人，机电 BIM 工程师 3 人。其中项目经理为从事 BIM 行业 5 年，多次担任重要项目项目经理，擅长各单位协调、熟悉算量及施工流程的资深项目经理；专业负责人及专业工程师均具有工程造价基础。以下为本项目公司内部组织架构（图 5-3），其职责及分工如表 5-4 所示。

内部人员职责及分工　　表5-4

职务	职责及分工
项目经理	统筹BIM咨询团队，对业主负责，参与项目实施策划、现场组织与协调，对计划工作进行安排、贯彻、跟踪、落实
专业负责人	BIM策划、标准制定，并进行项目运行的协调管理，负责信息和文档管理，审核所有完成模型、报告、清单成果，是各专业资料唯一对接人
专业工程师	辅助专业负责人进行BIM模型搭建标准的编写；按照BIM标准审核、修改各专业模型；利用模型进行工程量输出并进行核对工程量
驻场工程师	根据现场实际情况确定各分包单位实际进度，进行分包月进度工程款审核；收集现场变更，反馈后台更新模型，输出变更工程量

（二）管控过程及方法

项目成本实施阶段包括总价形成阶段和施工实施阶段，总价实施阶段是基于蓝图，完成各专业清单工程量；施工实施阶段则是基于变更指令，完成变更工程量；审核各分包月进度工程款。其应用流程如图5-4所示。

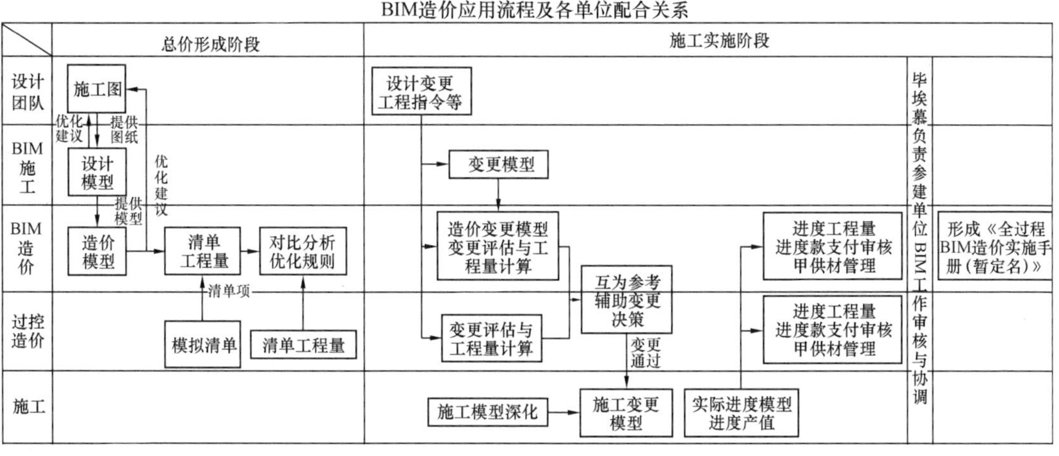

图5-4　BIM造价应用流程及各单位配合关系图

1. 总价形成阶段

1）制定标准

BIM造价咨询单位接收蓝图及模型后，根据企业清单及工程量计算规则和单价说明，编制建筑、结构、机电、装饰等专业的模型标准，各专业模型搭建标准包括以下内容：构件类别、机算/手算、命名标准、模型需要添加参数、模型绘制要求、模型扣减标准等。施工蓝图及模型搭建标准是BIM造价咨询单位审核及修改的标准（图5-5）。

2）模型核查与还原

收到BIM施工咨询单位模型后，BIM造价咨询单位参照各专业模型搭建标准对模型进行图模一致性、完整性及合规性审核，形成审核纪要（表5-5）。

		机算与非机算范围划分		构件命名标准			模型需添加参数	模型绘制要求	模型扣减标准	非机算部分解决办法	
编号	类别	是否机算	族类型	命名规则	命名样例	斯维尔映射构件名称	Revit中需有的类型属性	模型绘制要求	模型扣减要求	无法机算部分解决办法	备注
1	结构柱	是	结构柱	楼层-构件类型名称-混凝土强度-尺寸信息	1F-KZ1-C30-500*500	框架柱	构件编号：KZ1（在标识数据下面添加，构件编号名称根据图纸中的编号名称填写）	1. 创建结构柱时，结构柱应分层绘制，标高为本层结构板顶标高至上层结构板顶标高；上层无楼板时，则绘制到上层结构标高处；上层为无梁板时，柱的顶标高为柱帽底。 2. 墙柱使用柱绘制。 3. 梁与柱交接时，梁应绘制到柱侧面；墙与柱交接时，墙体应绘制到柱侧面，同时墙体应设置为不允许连接；楼板与柱交接时，楼板轮廓应编辑至柱侧。 4. 约束边缘构件非阴影区箍筋加强区域应并入相对应的约束边缘构件一同绘制	1. 结构柱与结构梁：当有结构梁伸入结构柱时，结构柱应扣除结构梁与结构柱相交部位的结构梁。 2. 结构柱与结构板：当结构柱与结构板相交时，结构柱应扣除与结构板相交部分的结构板。 3. 结构柱与结构墙：当结构柱与结构墙相交时，结构柱应扣除与结构墙相交部分的结构墙		
2	暗柱	是	结构柱	楼层-构件类型名称-混凝土强度	1F-YBZ1-C30	暗柱	构件编号：YBZ1（在标识数据下面添加，构件编号名称根据图纸中的编号名称填写）				

图 5-5　模型搭建标准

BIM 造价咨询单位审核检查表　　　　表 5-5

审核内容	审核办法	处理措施
图模一致性	在模型中建立平面视口进行切图，与 CAD 设计图进行比较，核查图纸与模型的一致性；核查构件信息是否符合设计、表达、成本算量的需求	• 不满足区域，BIM 造价咨询单位以审核纪要的形式提交，建模单位需及时反馈，并按时提交更新版模型； • 如建模单位无法及时提供修正版模型，BIM 造价咨询单位将根据施工图直接修改模型，以保证工程量及时性
模型完整性检查	专业涵盖是否全面；专业内模型装配后各系统是否完整；各层之间空间位置关系是否正确，有无错位、错层、缺失的现象发生；全部专业模型装配后，各专业之间空间定位关系是否正确，有无错位、错层、缺失的情况发生	
模型合规性检查	模型命名规则性检查、系统代码应用规范性检查、专业代码应用和规范性检查、楼层代码应用规范性检查、常规建模操作规范性检查、技术措施建模规范性检查、构件参数信息检查、构件编码信息检查	

为保证 BIM 出量时效性，降低模型质量对工程量偏差度的影响，建模单位应设置模型内审机制，充分保证模型的准确性与及时性，BIM 造价咨询单位审核为辅助审核，BIM 施工咨询单位对设计模型的最终准确性负责。BIM 造价咨询单位对每一批次模型审核时间控制在 7 天内，并提交模型审核反馈意见，建模单位需在 2 天内完成修改回复。提交成果除模型外，BIM 施工咨询单位还需要向 BIM 造价咨询单位提供的图纸疑问及设计回复，便于各方讯息的统一。

BIM 施工咨询单位完成模型后，BIM 造价咨询单位与过控单位确认图纸版本是否一致，并依据模型搭建标准及蓝图进行模型修改及信息添加包含命名修改、扣减修改、造价信息添加（与项目特征有关的信息）、添加设计模型缺失的需算量构件等。通过模型修改及信息添加最终形成造价 BIM 模型。修改过程中对图纸有疑问提交至过控单位，由过控单位同步提交至设计，同时将 BIM 施工咨询单位提供的图纸疑问及回复提交至过控单位，确保 BIM 造价咨询单位与过控单位图纸版本、图纸疑问及回复保持一致（表 5-6）。

BIM 造价咨询单位检查工作表 表5-6

模型修改内容	设计模型要求及修改原因	BIM 造价咨询工作内容	成果描述
模型命名修改	BIM 模型应符合图纸中包含的材质、几何尺寸等信息，无原则性错误	修改无法满足清单要求细分统计的构件的命名；并将修改方式增补到造价模型命名规范中	• 本阶段成果为造价 BIM 模型，RVT 格式； • 造价 BIM 模型可基于明细表或插件直接用于本项目的工程量统计
造价信息添加	设计 BIM 模型应包含构件基本几何信息及非几何信息。设计阶段未能体现出的造价信息，如项目特征描述等，由 BIM 造价单位添加	在初步完成对造价模型中各构件工程量的归项后，对现造价模型中还不能提取工程量的模块进行造价信息添加（例：将墙面的防水层做法添加进墙面的信息中提取其工程量）	
模型扣减	设计模型根据顶层设计团队制定的模型搭建规范创建设计模型时应确保各专业、各构件之间的模型构件扣减完善且正确，符合现行扣减规则	BIM 造价咨询单位将收到的模型进行整理，在提取工程量前检查模型扣减的完善性、正确性、合理性，对于不符合要求处进行二次扣减修改	
算量构件的增添	设计 BIM 模型确保完整性，各专业构件、各专业节点与设计图纸一致，无偏差	BIM 造价咨询单位需在模型中将个别需计算但设计模型无法体现或忽视的节点构件增添进模型中，进行工程量计算（如构造柱的设置等）	

在模型核查与还原过程中，由于 BIM 施工咨询单位直接对总包负责，且在合同中并未对 BIM 施工单位进行约束，要求其对 BIM 造价咨询单位进行配合，所以 BIM 施工咨询单位只需满足其合同要求，即满足总包模型移交要求即可，剩余部分模型修改工作由 BIM 造价咨询单位进行。同时由于 BIM 施工咨询单位模型反馈时间不一定能够满足 BIM 造价咨询单位时间，机电模型为优化后模型，故大部分模型修改工作需要 BIM 造价咨询单位完成（图 5-6）。所以在后期 BIM 实施过程中，若项目存在 BIM 咨询单位，建设单位

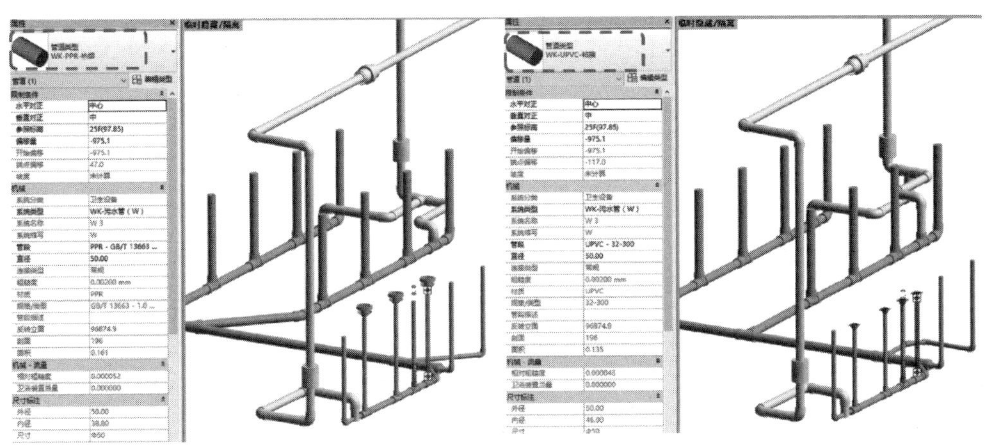

图 5-6 模型核查及修改

需要在顶层设计中提前确定好 BIM 咨询单位与各参与方的配合关系及模型搭建标准，避免各单位工作量的重复、增加；同时需在参建方合同中对顶层设计中的配合关系及模型搭建要求进行约束，明确惩罚机制，确保顶层设计的执行与落实。

3）输出模型核对清单

模型修改完成后，将模型按照清单算量规则进行工程量统计，完成项目清单。以下为土建、机电单层模型及模型对应工程量（图 5-7～图 5-10）。

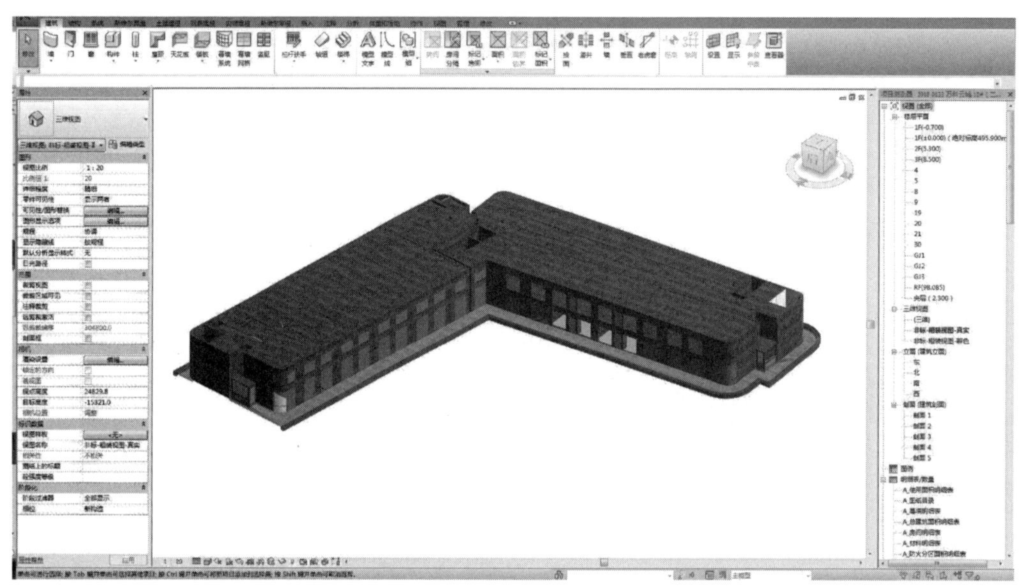

图 5-7 单层土建模型

序号	构件名称	输出名称	工程量名称	工程量计算式	工程量	计量单位	换算表达式	分组编号
1	[illegible]	[illegible]	[illegible]	[illegible]	[illegible]	m2		室内
2	砼墙	砼墙	墙体积	VM+VZ	495.91	m3	砼强度等级:C30;	室内
3	板	板	板模板面积	SD+SC+SDZ+SCZ	3.39	m2	支模高度:<=0m;结构类型:有梁板;搅拌制作:预拌商品砼C25;	室内
4	板	板	板模板面积	SD+SC+SDZ+SCZ	455.08	m2	支模高度:<=4.9m;结构类型:有梁板;搅拌制作:预拌商品砼C25;	室内
5	板	板	板模板面积	SD+SC+SDZ+SCZ	924.81	m2	支模高度:4.9m<支模高度<=5.9m;结构类型:有梁板;搅拌制作:预拌商品砼C25;	室内
6	板	板	板模板面积	SD+SC+SDZ+SCZ	809.56	m2	支模高度:5.9m<支模高度<=6.9m;结构类型:有梁板;搅拌制作:预拌商品砼C25;	室内
7	板	板	板体积	VM+VZ	134.89	m3	砼强度等级:C25;模板类型:普通木模板;结构类型:有梁板;	室内
8	板	板	板体积	VM+VZ	96.29	m3	砼强度等级:C30;模板类型:普通木模板;结构类型:有梁板;	室内
9	板洞	板洞	洞口面积	SM+SZ	0.32	m2		室内

图 5-8 单层土建清单

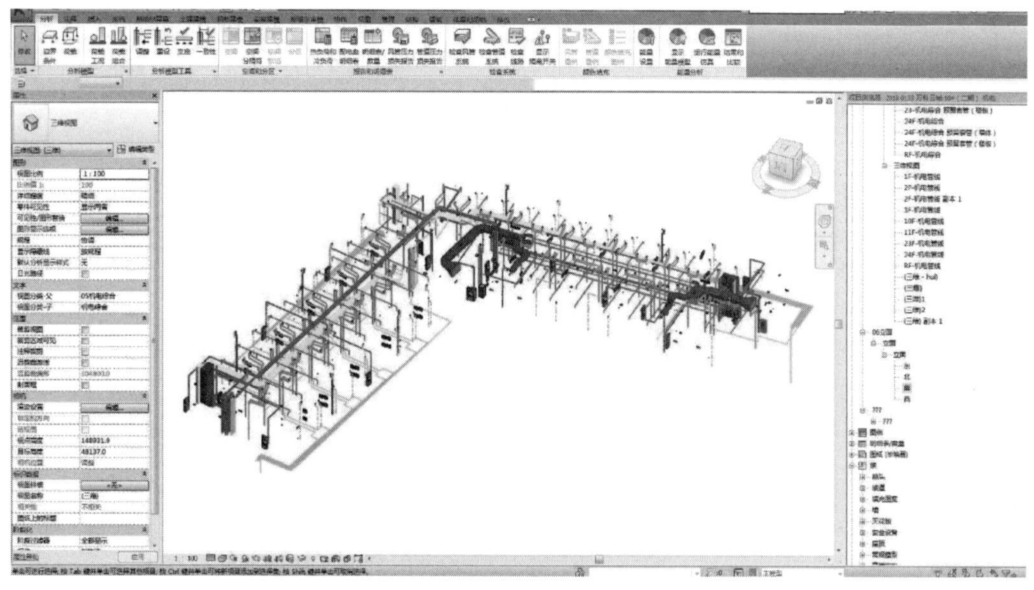

图 5-9 单层机电模型

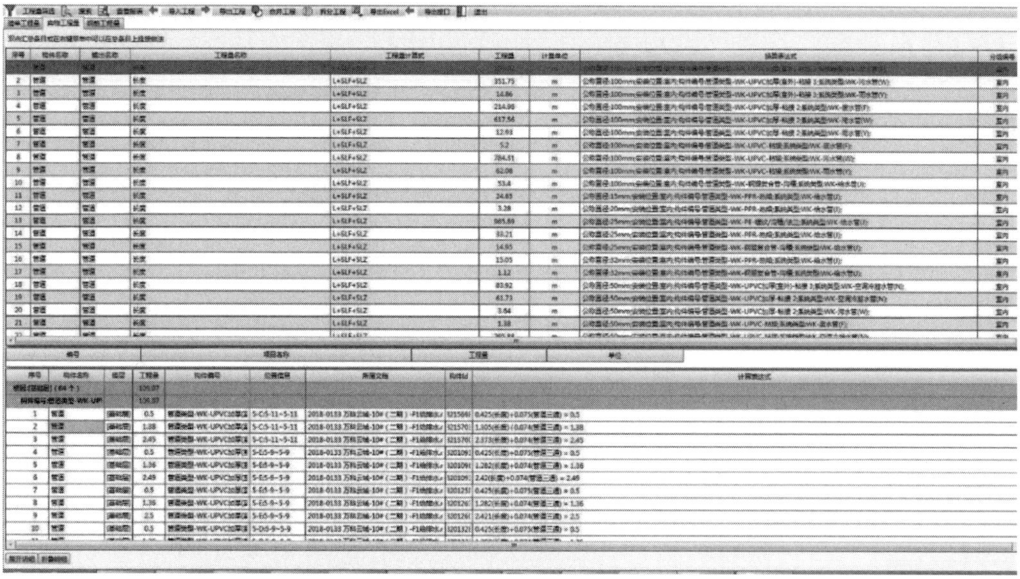

图 5-10 单层机电清单

随后，BIM 造价咨询单位结合过控单位工程量进行清单工程量对比，完成后，根据对量成果，完善模型搭建标准（图 5-11）。

在对量阶段，由于过控单位已完成部分工程量与施工单位的核对，已核对完成部分，可利用双方已核对完成后的工程量直接与 BIM 工程量做对比；若过控单位未与施工单位进行工程量核对，则 BIM 造价咨询单位、过控单位、施工单位三方同时进行工程量核对，避免出现 BIM 造价咨询单位、过控单位核对后，过控单位与施工单位进行核对，最终 BIM 造价咨询单位还需要与过控单位进行核对，增加 BIM 造价咨询单位、过控单位、施

地上业态给排水工程量清单明细表													
项目特征						不含税价格明细（中天价）							
编码	项目名称	工作内容及特征描述	基本计量单位	工程量	BIM工程量	人工费	主材费(含损耗)	机械+辅材	管理费+利润+其他(…)	综合单价(元)	合价(元)	税率(%)	税金
增	PE管 DN50	1. 安装部位：室外 2. 输送介质：给水 3. 材质：PE管	m	2.16	2.18								
GSX.029	钢塑复合管 DN80	1. 安装部位：室内外综合(含管井、泵房内及埋地) 2. 输送介质：给水	m	47.92	48.04	17.979	91.493	1.657	0.803	112.021	5,368.046	9.000	483.124
GSX.031	钢塑复合管 DN50	1. 安装部位：室内外综合(含管井、泵房内及埋地) 2. 输送介质：给水	m	26.00	26.16	16.076	59.800	0.762	0.535	77.048	2,003.248	9.000	180.292
GSX.032	钢塑复合管 DN40	1. 安装部位：室内外综合(含管井、泵房内及埋地) 2. 输送介质：给水	m	5.22	5.42	15.078	43.004	0.812	0.743	59.332	309.713	9.000	27.874
GSX.034	钢塑复合管 DN25	1. 安装部位：室内外综合(含管井、泵房内及埋地) 2. 输送介质：给水	m	5.93	5.95	13.556	32.585	0.628	0.724	47.108	279.350	9.000	25.142
GSX.035	钢塑复合管 DN20	1. 安装部位：室内外综合(含管井、泵房内及埋地) 2. 输送介质：给水	m	5.22	5.22	12.555	32.142	0.550	0.655	45.543	237.734	9.000	21.396
GSX.038	冷水PPR给水管 DN40	1. 安装部位：室内外综合(含管井、泵房内及埋地) 2. 输送介质：给水冷水	m	54.20	54.21	10.409	0.000	1.911	8.352	13.349	723.516	9.000	65.116
GSX.039	冷水PPR给水管 DN32	1. 安装部位：室内外综合(含管井、泵房内及埋地) 2. 输送介质：给水冷水	m	2.48	2.48	8.853	0.000	1.871	9.395	11.732	29.095	9.000	2.619
GSX.040	冷水PPR给水管 DN25	1. 安装部位：室内外综合(含管井、泵房内及埋地) 2. 输送介质：给水冷水	m	2.60	2.60	8.907	0.000	1.812	9.101	11.695	30.407	9.000	2.737
GSX.041	冷水PPR给水管 DN20	1. 安装部位：室内外综合(含管井、泵房内及埋地) 2. 输送介质：给水冷水 3. 材质：PPR 4. 型号、规格：DN20 5. 连接方式：热熔连接	m	66.68	66.14	7.879	0.000	1.792	9.977	10.636	709.208	9.000	63.829
GSX.042	冷水PPR给水管 DN15	1. 安装部位：室内外综合(含管井、泵房内及埋地) 2. 输送介质：给水冷水	m	71.34	71.34	7.879	0.000	1.725	9.671	10.533	751.424	9.000	67.628
GSX.046	截止阀 DN20	1. 名称：截止阀 2. 型号、规格：DN20 3. 连接方式：丝接	个	2.00	2.00	6.493	0.000	2.777	16.130	10.765	21.530	9.000	1.938
GSX.049	截止阀 DN40	1. 名称：截止阀 2. 型号、规格： DN40 3. 连接方式：丝接	个	2.00	2.00	13.026	0.000	5.491	15.966	21.473	42.946	9.000	3.865
GSX.077	自动排气阀 DN25	1. 材质：金属 2. 名称、规格：自动排气阀 DN25 3. 连接方式：丝接	个	1.00	1.00	14.582	0.000	11.800	10.000	29.020	29.020	9.000	2.612

图 5-11　机电算量对比

工单位三方工作量。

同时，从本项目的实际情况考虑，本项目工期紧、体量大，导致过控单位人均工作量大，即使三方同时对量，从时间、难度、统一性上均增加对量难度，而且 BIM 造价咨询单位所统计出的工程量，会出现过控单位算量错误的情况，所以难以在对量阶段与 BIM 造价咨询单位形成较好配合关系，尤其针对过控单位与施工单位已完成对量部分，过控单位很难与 BIM 造价咨询单位开展对量工作，而对于 BIM 造价咨询单位而言，施工阶段 BIM 造价应用必须在模型工程量对比正确的基础上，所以导致 BIM 造价咨询单位工作难以开展。综上所述，建议在项目前期各参与方之间配合关系进行合同约束，并且由建设单位进行强管控，确保整体项目的实施效果。

根据现阶段已完成算量部分，本项目 BIM 算量覆盖率、准确率如表 5-7、表 5-8 所示。

土建算量范围　　　　**表 5-7**

类型	可进行 BIM 算量部分 （机算部分）	不能进行 BIM 算量部分 （非机算部分）
范围	所有混凝土工程、模板工程、砌体及隔墙工程、楼地面找平及抹灰、内墙面找平及抹灰、外墙面找平及抹灰、屋面工程、防水工程、零星工程、外墙涂料工程	所有类型钢筋、土石方
过控 总造价	10951344.86 元 （除不能用 BIM 算量及墙体变更部分）	1281462.32 元

续表

类型	可进行 BIM 算量部分 （机算部分）	不能进行 BIM 算量部分 （非机算部分）
BIM 总造价	10976952.44 元 （除不能用 BIM 算量及墙体变更部分）	
BIM 算量 覆盖率	覆盖率＝可进行 BIM 算量部分二维造价/过控算量总价×100％ ＝10951344.86/(10951344.86＋1281462.32)×100％＝89.52％	
BIM 算量 差异率	差异率＝(BIM 算量部分过控造价－BIM 算量部分 BIM 造价)/(BIM 算量部分过控造价＋BIM 算量部分 BIM 造价)/2×100％＝(10976952.44－10951344.86)/(10976952.44＋10951344.86)/2×100％＝25607.58/10964148.65＝0.23％	

机电算量范围　　表 5-8

类型	可进行 BIM 算量部分 （机算部分）	不能进行 BIM 算量部分 （非机算部分）
范围	桥架、母线槽、配电箱、配电柜、开关、排气扇、灯具、管道、阀门、仪器仪表、设备、金属软管、堵头、水龙头、过滤器、橡胶接头、保温、地漏、清扫口、止水节、洁具、雨水斗、套管	线管、导线、接线盒、防雷接地相关工程量、支吊架、管沟挖填方
过控 总造价	2873165.14 元 （除不能进行 BIM 算量部分）	3000815.46 元
BIM 总造价	2854423.72 元 （除不能进行 BIM 算量部分）	
BIM 算量 覆盖率	覆盖率＝可进行 BIM 算量部分二维造价/二维算量总价×100％ ＝2873165.14/(2873165.14＋3000815.46)×100％＝48.9％	
BIM 算量 差异率	差异率＝(BIM 算量部分过控造价－BIM 算量部分 BIM 造价)/(BIM 算量部分过控造价＋BIM 算量部分 BIM 造价)/2×100％＝(2873165.14－2854423.72)/(2873165.14＋2854423.72)/2×100％＝0.16％	

2. 施工实施阶段

完成模型算量、对量后，以此算量数据作为基础，进行后续变更管理、进度款支付管理。

1）变更管理

该工程发起变更的方式包括设计发起变更指令和变更先行，指令后补两种方式。工程发生变更，由过控单位将变更指令传递至 BIM 造价咨询单位，BIM 造价咨询单位接收指令后，由 BIM 施工咨询单位根据变更输出局部变更模型，BIM 造价咨询单位则根据变更模型输出变更工程量，并与过控单位工程量对比。

由于当前项目变更多，变更工程量计算及现场收方工作量大。通过前期 BIM 造价咨询单位与过控单位对量的结果及前期部分变更的管理，工程量差异控制在业主可接受的范围，并将部分分包变更交由 BIM 造价咨询进行工程量统计（图 5-12～图 5-14）。

变更类型	设计变更		
变更单类型	变更单	专业类型	土建
设计合同编号		设计合同名称	
单位类型		设计单位	
变更原因			
变更原因	设计类	变更主题	【55】号变更单-10#楼女儿墙高度修改
原因详情	10号楼施工图女儿墙高度与报规阶段不符合，为确保外立面效果和减少验收风险，调整女儿墙高度。相应各专业调整屋顶机房标高及预留洞口定位、结构构架标高及配筋等。（现场还未施工）		
变更内容：			

变更项	变更项描述	存在隐蔽工程	隐蔽工程说明	存在返工	隐蔽工程附件	返工描述	返工工程量	变更附件	变更分类	变更原因(成本)	改善措施
1	10号楼施工图女儿墙高度与报规阶段不符合，为确保外立面效果和减少验收风险，调整女儿墙高度。相应各专业调整屋顶机房标高及预留洞口定位、结构构架标高及配筋等。现	否		否				【55】10#楼女儿墙修改.rar	设计类	设计优化	

做法类型	单位	工程量
外6（机房位置）	m²	258.649
外6（非机房位置）	m²	1508.267
外7	m²	123.896
内2	m²	215.141
内4	m²	48.963
内5	m²	15.928
内6	m²	57.958
内2（屋面机房）	m²	95.84

图 5-12 变更单及变更工程量

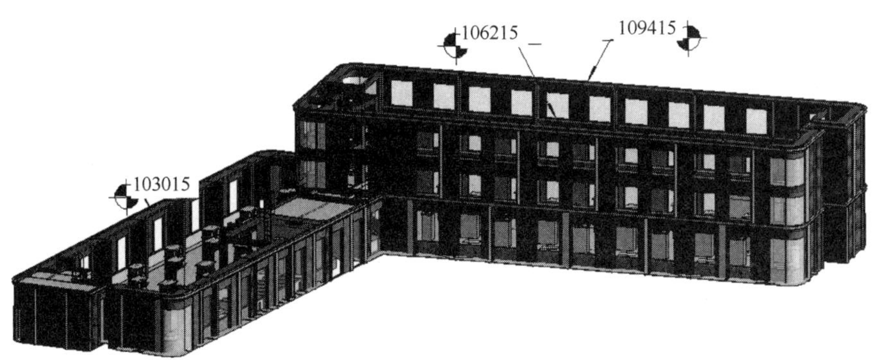

图 5-13　变更前模型

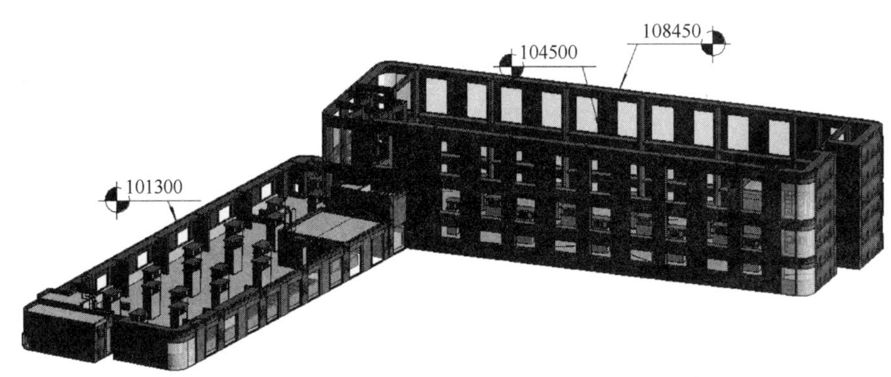

图 5-14　变更后模型

2）进度条管理

BIM 造价咨询单位驻场工程师每月按照合同和甲方要求核对项目实际进度情况，并将进度情况反映至模型，形成实际进度模型。根据实际进度 BIM 模型核算实际完成工程量，计算进度款（图 5-15）。

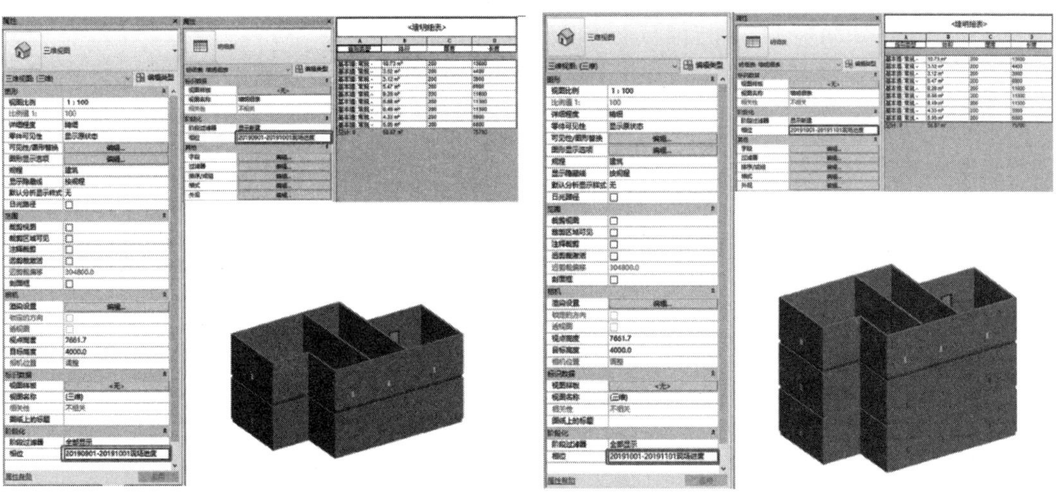

图 5-15　利用模型阶段划分功能进行进度工程量提取

五、经验总结和展望

在本项目中，BIM 造价咨询单位对 BIM 施工咨询单位模型进行大量修改、图纸理解与过控单位不一致占据了本次项目的大量时间。若后期通过对 BIM 全过程的顶层设计，设计院能够依据设计、成本、施工、竣工的模型要求，综合考虑正向设计工作量，输出设计模型，将极大减少各方修改模型及识图引起的误差，提升沟通协调效率，尤其针对过控单位工作价值的提升及价值的体现将更加明显。

当前设计院正向设计采用的主流软件为 Revit，对于项目采用非 Revit 软件进行算量的过控单位，算量工作占据整个造价咨询工作量的绝大部分，若设计提供正向设计模型，过控单位将解决算量部分工作量，从而提供更多过程管控、更具价值的造价咨询服务。所以建议在现阶段，过控单位应该加强 BIM 主流软件操作培训，熟悉 BIM 主流软件操作及应用，待 BIM 正向设计成熟后，可快速融入当前算量环境。

但在 BIM 正向设计之前，各家建设单位应该提前做好利用 BIM 模型进行算量的准备，包括确定 BIM 模型算量的准确性、范围，以及适应各家建设单位的模型搭建标准、流程，尤其是在确定 BIM 模型算量准确性时，需要对其他配合单位进行合同约束，确保在工作能够顺利推进。

项目组成员：

范存磊　四川开元能信工程管理有限公司总经理

刘　冬　四川开元能信工程管理有限公司机电负责人

朱韵怡　四川开元能信工程管理有限公司土建负责人

范　涛　四川开元能信工程管理有限公司土建工程师

单位简介：

四川开元能信工程管理有限公司，创建于 2015 年，注册资金 1000 万元，是一家专注于为国内 AEC（建筑工程）行业提供 BIM（Building Information Modeling 建筑信息模型）战略咨询、BIM 项目全过程管理、BIM 技能培训、BIM 中心托管管理、BIM 软件开发及代理、BIM 后期效果制作等基于 BIM 技术应用的工程管理公司。公司具有完备的管理体系和技术规程，拥有一批与时俱进、理论水平高、实战经验丰富、职业道德优良、个人素养好的高层次员工队伍，先后承担了中国西部国际博览城、成都天府国际机场、遵义物流新区万国馆等数个大型公共项目。项目作品曾荣获 2014 年和 2015 年中国图学学会“龙图杯”全国 BIM 大赛二等奖 2 次、三等奖 1 次等多个奖项。

【案例 6】BIM 辅助施工及成本管控案例简述

——以溧阳博物馆、规划展示馆建设工程为例

邵思奇　严冬武　窦耀森　屠祺骏　殷晓虎　陈　江

江苏无锡二建建设集团有限公司　江苏　无锡　214061

摘　要：溧阳市博物馆、规划展示馆是大型公共建筑，也是当地的地标建筑，形态复杂，施工难度大，成本管控困难。为了有效地实施项目并优化控制项目的成本，BIM 项目实施团队有效地运用了 Tekla、Rhino 等多种 BIM 工具相互结合辅助项目施工，结合广联达算量计价，优化项目的管理流程，大大缩减施工周期，避免材料浪费，取得了良好的社会经济效益。

关键词：BIM 技术应用；辅助施工；成本管控

一、项目概况

溧阳市博物馆、规划展示馆建设工程位于江苏省溧阳市南大街与燕湖路交界处东北侧，总建筑面积为 18318m^2。建设单位为溧阳市燕山新区建设发展有限公司，监理单位为溧阳市建设监理有限公司，设计单位为南京长江都市建筑设计股份有限公司，规划设计由上元书院团队完成，施工总承包方为江苏无锡二建建设集团有限公司，本工程为溧阳市地标建筑，并荣获 2019 年美国建筑大师奖（图 6-1）。

图 6-1　溧阳市博物馆、规划展示馆效果图

江苏无锡二建建设集团有限公司（以下简称无锡二建）于 2016 年统筹成立信息技术中心，2017 年 3 月无锡二建合并了土建、安装、钢结构幕墙 BIM 小组，并组建了溧阳博物馆、规划展示馆综合 BIM 小组，以 BIM 技术辅助施工和成本管控，并以此为重点进行

案例建立。

在建设过程中，运用 BIM（Revit、Tekla、Rhino）技术进行图纸交互处理，加强了专业接口，保证工程质量的同时，降低了损耗、减少了浪费、控制了施工成本。

二、案例成本管控情况说明

本 BIM 辅助施工及成本管控目标是为了减少施工全过程带来的人材机损耗，压缩成本，确保材料匹配度，减少浪费。

本综合 BIM 小组由组长（信息中心副主任）邵思奇，组员严冬武（项目经理）、窦耀森（土建负责人）、屠祺骏（造价负责人）、殷晓虎（水电负责人）、陈江（钢构幕墙负责人）组成。

现场由项目经理严冬武统管现场各分部分项负责人，收集现场数据报于组长邵思奇进行整合，然后将整合后数据与计划数据进行对比分析，召开现场会议，确保现场各部分协调统一，审查后交由各负责人后传递至施工人员，完成全过程把控。

（一）土建施工部分

1. 土建施工与 REVIT、EBIM 轻量化部分

在本工程基础施工时，项目部就针对标高±0.00 以上结构外壳进行 BIM 建模、现场实际建筑放样，并与钢结构核心筒部位轴线复核，发现本工程的标高±0.00 以上结构外壳均为非平面、多折点梁板体系，根据与设计院沟通，决定在现有设计图纸为蓝本的 BIM 深化图的基础上使用四折点双向板简化技术（图 6-2），计算出每条斜梁的转折点的实际标高来控制建筑外形，绘制出详细的模板拼接图，后交由木工方进行模板切割，每块模板单独用 EBIM 技术进行编号，以拼积木的形式完成板面模板的拼接（图 6-3）。

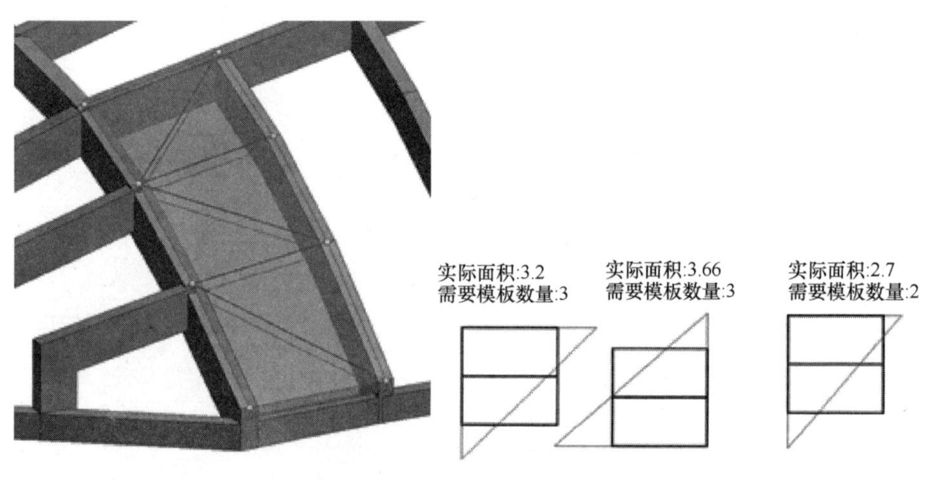

图 6-2　BIM 模型深化局部

2. 土建施工与 EBIM 二维码技术部分

为确保实际施工与图纸的配对，节省建筑材料、提高施工效率，项目部不仅在模板分项中应用了 EBIM 编号技术，在钢筋制作、绑扎施工作业时也应用了 EBIM 二维码技术，根据现场 BIM 以及实测实量，以现有折点进行钢筋翻样，确定弯曲角度，在保证钢筋保护层的前提下对相应编号区域的梁板的钢筋进行现场编号对应（图 6-4）。

图 6-3　现场施工照片

溧阳博物馆

名称：混凝土-矩形梁:300mm×750mm

设备ID:324769

系统：结构

楼层：2F结构标高

分类：结构框架

位置：

图 6-4　二维码定位

图6-4左上角为手机APP构件查看定位，右上角为对应构件生成二维码，左下角和右下角为对应二维码根据现场的材料位置进行一次性放置，以钢筋、模板共同弯曲保障结构外形，确保现场实体与设计造型相匹配，减少了由于钢筋原有翻样模式而导致现场无法依附于弯曲结构所造成的结构形状变化。

3. 土建施工斜板双面支模部分

在局部较陡板面，在BIM技术的支持下，根据和现场班组的讨论，决定采取双面支模，详见图6-5。

图6-5　双面支模

双面支模的施工工艺完美地对斜梁斜板的折面进行把控，塑造符合图纸的折线面，同时由于坡度较大，双面支模的工艺大大减少了混凝土的浪费，既保证了结构面的观感质量，又节约了施工成本。

4. 广联达BIM成本管控部分

本工程中，在成本管控方面采用了广联达BIM土建计量平台，对于现场斜梁斜板以及混凝土浇筑过程中进行实时把控，明确现场实际施工工艺，动态跟踪，得出现场实际使用量。本案例仅以北侧斜板（R-N轴/1-3轴）为展示样板，详见图6-6、图6-7。

通过以上对部分梁板的算量分析，不仅精准了支出模板和混凝土的工作量，而且节省了人工和材料支出，从而控制了土建成本。

从中截取一小部分和传统算量进行对比，如表6-1、表6-2所示。

楼层	名称	混凝土强度等级	工程量名称							
			体积(m^3)	底面模板面积(m^2)	侧面模板面积(m^2)	数量(块)	投影面积(m^2)	超高模板面积(m^2)	超高侧面模板面积(m^2)	板厚(m)
北侧斜板	R-P轴/1-2轴	C30	859.866	3465.0151	31.7074	130	2441.4083	0	0	32.5
		小计	**859.866**	**3465.0151**	**31.7074**	**130**	**2441.4083**	**0**	**0**	**32.5**
	R-P轴/2-3轴	C30	651.4298	2282.6892	19.2825	44	1692.1776	0	0	13.2
		小计	**651.4298**	**2282.6892**	**19.2825**	**44**	**1692.1776**	**0**	**0**	**13.2**
	P-N轴/1-2轴	C30	127.7983	387.0984	6.7766	7	294.0273	0	0	2.45
		小计	**127.7983**	**387.0984**	**6.7766**	**7**	**294.0273**	**0**	**0**	**2.45**
	P-N轴/2-3轴东北侧	C30	7.954	30.6523	0	1	23.3788	0	0	0.25
		小计	**7.954**	**30.6523**	**0**	**1**	**23.3788**	**0**	**0**	**0.25**
	底部限位	C30	33.3927	113.7155	9.314	4	96.2202	0	0	1.2
		小计	**33.3927**	**113.7155**	**9.314**	**4**	**96.2202**	**0**	**0**	**1.2**
	底部滑动支座	C30	14.7628	74.9171	3.8827	3	59.0455	74.9092	3.8827	0.6
		小计	**14.7628**	**74.9171**	**3.8827**	**3**	**59.0455**	**74.9092**	**3.8827**	**0.6**
	小计		**1695.2036**	**6354.0876**	**70.9632**	**189**	**4606.2577**	**74.9092**	**3.8827**	**50.2**
合计			1695.2036	6354.0876	70.9632	189	4606.2577	74.9092	3.8827	50.2

图 6-6　斜板区域算量

楼层	名称	混凝土强度等级	工程量名称										
			体积(m^3)	模板面积(m^2)	超高模板面积(m^2)	脚手架面积(m^2)	截面周长(m)	梁净长(m)	轴线长度(m)	梁侧面面积(m^2)	截面面积(m^2)	截面高度(m)	截面宽度(m)
	WL1-1	C30	0	0	0	4.864	3.3	1.28	1.28	3.456	0.405	1.35	0.3
		小计	**0**	**0**	**0**	**4.864**	**3.3**	**1.28**	**1.28**	**3.456**	**0.405**	**1.35**	**0.3**
	WL1-1(1)	C30	0.275	3	0.98	8.36	1.5	2.2	2.2	2.2	0.125	0.5	0.25
		小计	**0.275**	**3**	**0.98**	**8.36**	**1.5**	**2.2**	**2.2**	**2.2**	**0.125**	**0.5**	**0.25**
	WL1-1(2)	C30	0.275	2.875	0.93	8.36	1.5	2.2	2.2	2.075	0.125	0.5	0.25
		小计	**0.275**	**2.875**	**0.93**	**8.36**	**1.5**	**2.2**	**2.2**	**2.075**	**0.125**	**0.5**	**0.25**
	WL1-1(3)	C30	0	0	0	16.72	2.2	4.4	5.3	7.04	0.24	0.8	0.3
		小计	**0**	**0**	**0**	**16.72**	**2.2**	**4.4**	**5.3**	**7.04**	**0.24**	**0.8**	**0.3**
	WL1-1(3)	C30	0	0	0	38.0874	4.8	10.023	11.9276	16.0367	0.64	1.6	0.8
		小计	**0**	**0**	**0**	**38.0874**	**4.8**	**10.023**	**11.9276**	**16.0367**	**0.64**	**1.6**	**0.8**
	WL1-1(3)	C30	0.3437	3.5625	1.15	10.45	1.5	2.75	2.75	2.75	0.125	0.5	0.25
		小计	**0.3437**	**3.5625**	**1.15**	**10.45**	**1.5**	**2.75**	**2.75**	**2.75**	**0.125**	**0.5**	**0.25**
	WL1-1(3)	C30	1.155	9.77	2.32	20.9	2	5.5	5.5	7.7	0.21	0.7	0.3
		小计	**1.155**	**9.77**	**2.32**	**20.9**	**2**	**5.5**	**5.5**	**7.7**	**0.21**	**0.7**	**0.3**
	WL-R1(1)	C30	0.7175	6.94	1.69	15.58	1.9	4.1	4.1	5.74	0.175	0.7	0.25
		小计	**0.7175**	**6.94**	**1.69**	**15.58**	**1.9**	**4.1**	**4.1**	**5.74**	**0.175**	**0.7**	**0.25**
	WKLP-1(5)	C30	0.0709	0.5166	0	11.5433	2	3.0377	2.7	3.9807	0.21	0.7	0.3
		小计	**0.0709**	**0.5166**	**0**	**11.5433**	**2**	**3.0377**	**2.7**	**3.9807**	**0.21**	**0.7**	**0.3**
	WKLQ-1(4)	C30	0.7156	7.4062	2.39	21.755	3	5.725	5.6	5.725	0.25	1	0.5
		小计	**0.7156**	**7.4062**	**2.39**	**21.755**	**3**	**5.725**	**5.6**	**5.725**	**0.25**	**1**	**0.5**

图 6-7　斜板区域梁算量

模板算量对比 **表6-1**

序号	项目名称	模板软件算量（m^2）	传统算量（m^2）	差异率（%）	差异金额（元）
1	矩形柱	61.9637	61.1	1.014135843	61.866831
2	现浇板	1015.1538	1012.85	1.002274572	178.567538
3	构造柱	65.5516	64.78	1.011911084	19.698948
4	圈梁	33.236	32.98	1.00776228	11.6864
合计		1175.9051	1171.71		271.819717

混凝土算量对比 **表6-2**

序号	项目名称	BIM算量（m^3）	传统算量（m^3）	差异率（%）	差异金额（元）
1	矩形柱	11.3088	11.3	1.000778761	5.619064
2	现浇板	201.4155	199.78	1.008186505	1074.68705
3	构造柱	4.7974	4.74	1.012109705	43.067794
4	圈梁	2.9656	2.9	1.02262069	41.88888
合计		220.4873	218.72		1165.262788

经测定，相同工作量的工作时间，手工算量花费约6小时，BIM算量花费低于2小时。

（二）机电安装部分

1. 机电安装概况

由于机电安装工程管线多、专业性强，施工单位在投标过程中，投入了大量的人力来做经济标，并且设计院提供的图纸，需要通过专业的软件算量或手工算量。在此过程中，由于时间的原因，需要配备一定数量的专业人员。传统算量方法较慢，由于预算人员的水平因素，也会影响报价的高低。此外，设计院提供的图纸也可能存在一定的缺陷或错误，也会导致算量的不准确。目前我们利用BIM技术，通过图纸建立三维模型，将各专业的管线、设备的规格、材质、型号、安装要求等标识在模型当中，可以清晰地表达出工程实体的特性。通过Revit软件的功能或者二次开发软件，分别建立给排水工程、电气工程、通风与空调工程项目清单，按照当时建立模型时设置的系统名称、编号分类，统计管线和设备的数量、种类，形成对应的清单。清单形成后，由专业人员检查复核，检查无误后，最终整理制作经济标。此过程大大减少专业人员的工作量，有效地提高了人员的工作效率，同时也提高了投标报价的准确性，更为BIM技术在施工过程中进行成本控制的运用奠定了坚实的基础。

2. 工程施工阶段

1）利用三维模型进行相关专业的管线综合设计。导出的管段单线图为管道工厂化预制提供加工依据，并对加工图设计有一定的要求：

（1）简要性：严格按照施工深化图、单线图以及现场实测尺寸出具加工图。

（2）准确性：图纸要清晰、技术要求标准明确，分段合理（由主到次、由大到小、由系统到楼层依次拆分）。

（3）一目了然：加工管段的管段编号、配件编号、口径标注、尺寸标注要逐一对应，不得混乱不清。材料明细表应与加工图一一对应。

（4）可追溯性：加工图审定后，应存档，以便今后复核审查，对有修改的部分，应重新出具加工图，并再次存档备查。

简单以消防泵房为例，详见图 6-8、图 6-9。

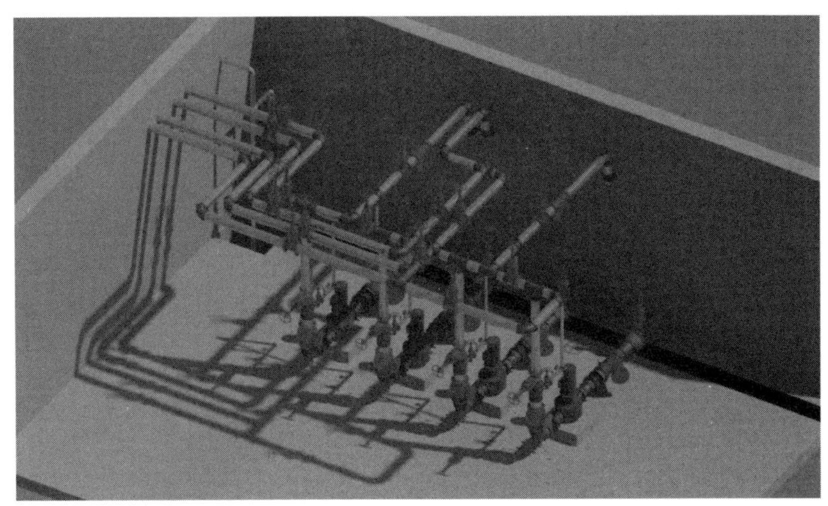

图 6-8　消防泵房深化设计后的 BIM 图

图 6-9　施工完成后现场照片

图 6-8 为消防泵房深化设计后的 BIM 图，表达形式更加直观、易读、层次清晰、一目了然。建设方、设计方、施工方、监理方、使用方等都能比较直观地掌握其全貌，减少因个人理解原因导致的分歧，便于施工，减少工期。图 6-9 为施工完成后现场照片。

2）建立好的各专业清单，单体管线和设备的规格、材质、长度、数量较为准确，既为制定材料采购计划提供了依据，又能结合管段单线图为管道工厂化预制提供了加工依据。管段根据单线图和清单进行预制时，下料尺寸较为准确，施工现场方便实行限额领料，有效地控制了施工现场耗料。

同样以消防泵房为例：

首先根据管道分类的不同创建各管道系统，消防管道采用湿式消防系统，详见图 6-10。

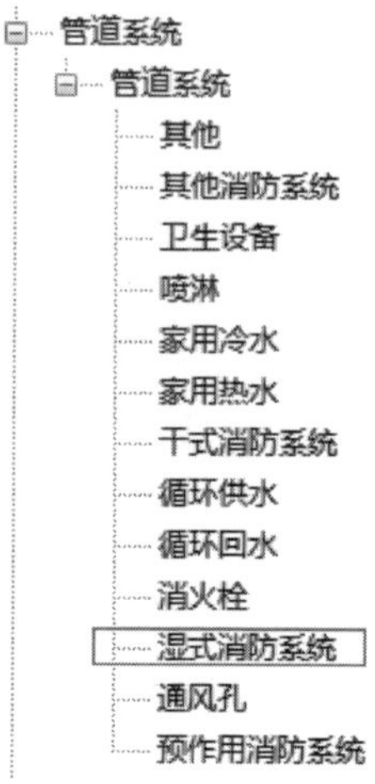

创建好管道系统后，根据深化设计的要求和布设，完成深化图纸。然后创建该泵房的管道明细表。截取该表部分详见图 6-11。

可以根据需要陈列的统计项目来绘制该表内容，由该表可以看出管道的类型、规格、长度和系统类型。长度一栏统计的数据为单管管道的长度，此长度可以为作业人员下料施工提供依据，减少测量时间。

同时还可以更换统计方式，让同管径的管道长度计算成总量，也为制定材料采购计划提供了依据。

为达到控制材料成本，严格实行材料领发料制度：

（1）建立领发料台账。记录领料、发料，节约和超支情况。

（2）限额领料。凡有定额的工程用料，由专人凭限额领料单领发材料。

（3）定额发料。施工设施用料实行定额发料制度，按限额领料单发放，不得多发，

管道系统
- 管道系统
  - 其他
  - 其他消防系统
  - 卫生设备
  - 喷淋
  - 家用冷水
  - 家用热水
  - 干式消防系统
  - 循环供水
  - 循环回水
  - 消火栓
  - 湿式消防系统
  - 通风孔
  - 预作用消防系统

图 6-10　管道系统

<管道明细表>

A	B	C	D
族与类型	直径(mm)	长度(m)	系统类型
管道类型: 标准	200.0	96	湿式消防系统
管道类型: 标准	200.0	250	湿式消防系统
管道类型: 标准	200.0	1044	湿式消防系统
管道类型: 标准	200.0	2120	湿式消防系统
管道类型: 标准	200.0	1812	湿式消防系统
管道类型: 标准	200.0	3007	湿式消防系统
管道类型: 标准	200.0	2007	湿式消防系统
管道类型: 标准	200.0	1052	湿式消防系统
管道类型: 标准	200.0	1612	湿式消防系统
管道类型: 标准	350.0	782	湿式消防系统
管道类型: 标准	350.0	400	湿式消防系统
管道类型: 标准	200.0	145	湿式消防系统
管道类型: 标准	250.0	72	湿式消防系统
管道类型: 标准	250.0	133	湿式消防系统
管道类型: 标准	250.0	161	湿式消防系统
管道类型: 标准	200.0	1734	湿式消防系统
管道类型: 标准	200.0	100	湿式消防系统
管道类型: 标准	200.0	1659	湿式消防系统
管道类型: 标准	200.0	3392	湿式消防系统
管道类型: 标准	200.0	122	湿式消防系统
管道类型: 标准	200.0	415	湿式消防系统
管道类型: 标准	200.0	1965	湿式消防系统
管道类型: 标准	200.0	2988	湿式消防系统
管道类型: 标准	200.0	1969	湿式消防系统
管道类型: 标准	200.0	2983	湿式消防系统
管道类型: 标准	200.0	225	湿式消防系统

图 6-11　管道明细表

实行登记制度，以设施用料计划进行总控制。

（4）超限额用料经签发批准。在用料前应办理手续，填写限额领料单，注明超耗原因，经签发批准后实施，未批准不得随意发放。

3）施工过程中，会发现各专业间的交叉、碰撞问题，以往开工前都是协调各专业队伍制定平衡方案，该方案只描述大概的布设原则，并不能解决碰撞后如何处理的问题。针对上述情况，项目利用BIM三维模型对设计图纸进行校核和深化，对建筑、结构、机电安装等各专业进行碰撞检查，对于碰撞部位做好标记，及时协调各专业队伍制定好修改方案。这样在施工过程中，施工队伍可以按照制定好的修改方案，及时更改线路，避免不必要的返工现象，避免了质量问题和安全问题的发生，同时也减少了因碰撞问题导致的停工时间，降低成本支出。

发生变更时，可将涉及变更部分做一个局部视图，在局部视图上修改。完成后，对比原设计更能直观地显示变更结果。清单统计出来材料数量上的变化、相应的费用增减也一目了然，可大大减少造价人员的工作量复核，减少了人为错误的影响，提高了工作效率。

3. 竣工阶段

BIM图纸在各阶段施工时，发生的变更均已在当时完成图纸上修改，在竣工阶段可不必再另外绘制竣工图，大大减少了专业技术人员投入的时间和精力。变更后的工作量可通过BIM模型提供最终的数据，不存在人员重复计算、计算错误等问题，提高了工程量的准确性。这样计算出来的工程量具有直观性、可视性、准确性，审价时可以不用提供额外相关施工过程资料，如实反映了项目的实际竣工效果，减少审计争议，提高了审价时的工作效率。

4. 水电成本管控总结

目前大部分项目施工图纸，设计院出图都是大样图，需要深化设计，而深化设计基本仅限于二维图纸，层次感、便捷性有限。而本案例中消防泵房深化设计后出了BIM图，表达形式更直观，使专业技术人员更能轻易地熟悉图纸，减少了阅读时间。泵房在BIM图纸深化布局时，为达到最好的效果，比如接头的位置、管道排列、间距等，管道及附件可以随时、随空间、随条件变化布置，使用灵活、便捷，最终结果往往是最合理的，所以深化图纸工作可以减少工作人员在施工过程中耗费的很多时间，减少了人为思考以及大量人工测量、复合时间。与此同时，根据BIM图出的材料清单，一方面可以估算出管道用的总量，另一方面还能根据该明细表进行施工下料，有效地控制了现场材料损耗，避免了以往施工过程中出现的浪费现象。

据现场统计，根据管道明细表进行下料，泵房施工时损耗较小，大约在5%左右，而以往工程中材料损耗率大约在10%～15%左右，按材料总计50000元算的话，差值5%～10%就是2500～5000元。每段下料都在仓库进行，比起现场空间狭小、操作面窄，仓库空间大，操作起来也方便，大大提高了工作效率，节省了时间。施工时，根据事先规划好的布局和标识按照BIM图纸进行组装，快捷、轻松、准确率高，进一步减少了施工工期。该泵房用以往常规施工方法，施工工期最少要增加10天左右，按一个班组3人来算，一天一个班组人工费为1500～2000元（含加班费），10天就是15000～20000元。因此运用BIM技术不仅缩短了施工工期，也减少了施工成本中支出的材料费和人工费。

（三）钢结构部分

本工程钢结构部分的深化设计具有体量大、非标准件多、连接节点复杂等特点，为确保整个工程有序的施工，深化设计发挥了关键性作用。

本项目采用 Tekla 软件对该工程进行了全面的深化设计，包括 3D 建模、碰撞校核、节点设计、二次开发、绘制构件图等。项目的实施过程中，由于 3D 建模、Tekla 自动生成图纸、统计表，自动形成数控文件等诸多优点，有效地提高了工作效率，大大降低了钢结构图纸的错误率（图 6-12）。

图 6-12　溧阳博物馆钢结构 3D 建模图

采用 3D 建模深化设计方法，不仅可保证设计的精度和质量，同时在建模的过程中可直观地发现一些结构设计问题，为进一步改进结构设计提供了参考。

通过 3D 建模构建建筑原型，发现结构设计问题，及时与结构工程师沟通，同时将工厂制作工艺、安装流程和其他信息反馈给设计方，将设计、制作、施工紧密联系在一起，其现场施工图如图 6-13 所示。

图 6-13　溧阳博物馆钢结构现场安装图

1. 3D建模

在Tekla软件中，定位构件的方法是将三维空间切割成二维平面，然后在二维平面上确定位置。对于一些体型规则的工程项目，如工业厂房、民用高层建筑、框架建筑等，可直接在Tekla软件中利用轴线和参考点命令定位（图6-14）。

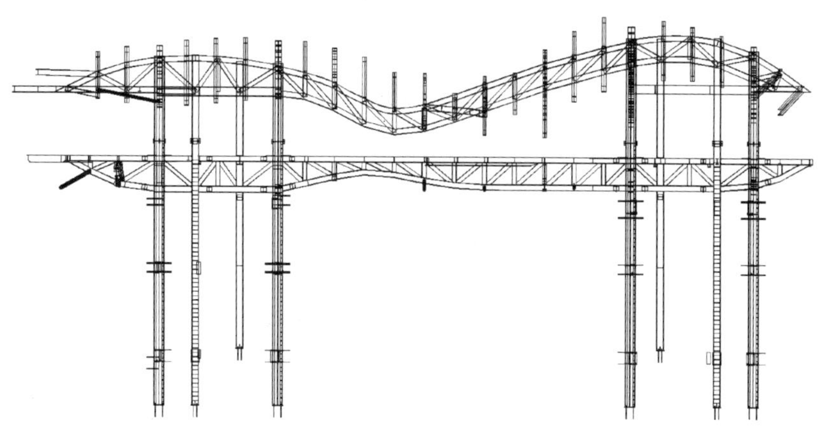

图6-14 溧阳博物馆钢结构剖面图

然而，对于溧阳博物馆这种曲面异形结构，单独使用Tekla创建3D模型，定位构件是相当麻烦的。使用此方法创建模型需要频繁地在2D和3D视图间切换，在多个视图间添加构件需要建模者具有强大的空间想象力，增加了建模难度。考虑到这一点，可以利用CAD软件辅助定位，先在CAD中定义关键控制点和参考线，然后将它们导入Tekla软件，利用此方法，可减少大量的建模工作量。

2. 碰撞检测

杆件碰撞不可避免地会引起安装问题，碰撞有两种形式：硬碰撞和软碰撞。前者是指不同部件间的交叉，后者称为间隙碰撞，即部件间的间隙不满足实际安装要求。若在施工现场发现问题，纠偏的成本很高，会增加成本投入，影响工期。

为此，Tekla公司研发了碰撞检测命令，通过此命令可迅速查找到不同部件之间的冲突位置，同时可以检查螺栓布局可否满足现场安装。

3. 创建节点

Tekla软件具有强大的节点创建功能，系统提供了120余种样式的节点供用户使用。Tekla作为一款智能软件其亮点在于节点的可编辑性，各种样式的节点可根据工程需求自主设置节点的部分属性。节点会自动吸附在构件上，只要节点创建正确，构件位置发生变化，无需考虑重新创建节点，这为后期模型修改提供了极大的方便（图6-15）。

4. 创建图纸

基于Tekla软件构建出溧阳博物馆3D模型，相当于建模者把结构工程师的意图传达给了电脑。Tekla软件利用其自动出图功能，将3D模型转化为二维图纸，并给出相应的平面、立面与剖面图，配合工厂生产制作，大大降低了图纸的错误率，提高了生产效率（图6-16）。对于外形结构复杂的建筑还可给出三维透视图，以便加工制作方更好地理解图纸。随着项目的推进，设计变更不可避免，值得一提的是在Tekla软件中构建出的3D

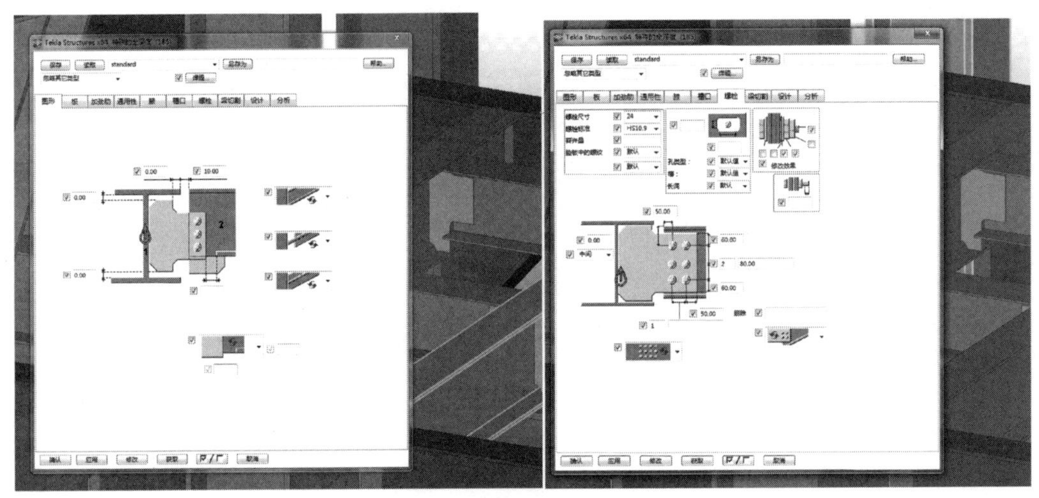

图 6-15　溧阳博物馆钢结构节点调试图

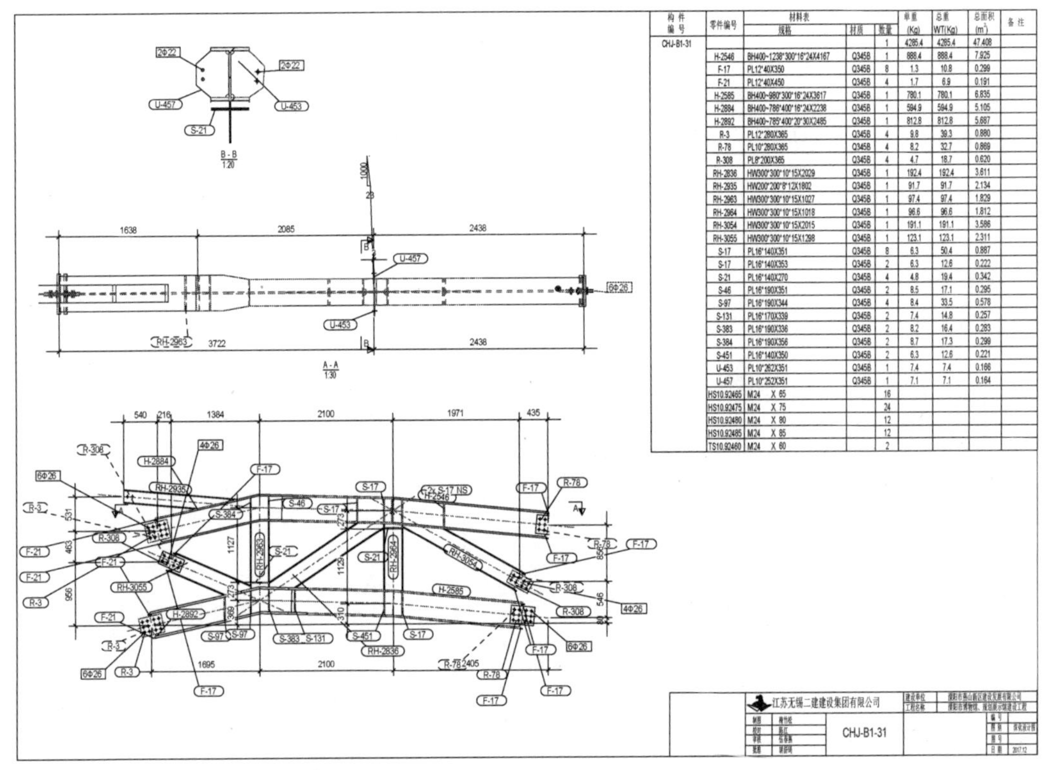

图 6-16　溧阳博物馆钢结构构件详图

模型与二维图纸存在着映射联系，一旦模型修改，图纸自动更新，节省了大量的工作量，为项目的完成提供了有力的保障。

5. 加工制作

由于溧阳博物馆结构形式复杂，若采用以往的方式进行摘料是无法得到精确的数据的，故在工厂开始加工之前，利用 Tekla 软件列出必要的物料清单是十分重要的。Tekla 软件自带了套料操作，利用此功能可充分地节省材料、降低制作成本。

6. 成本管控分析

本工程钢材材质为 Q345B，少量为 Q345GJ-B，包含截面形式有 H 型钢、工字钢、钢管、钢板。利用 Tekla 建模翻样可有效缩短工期，节省钢材，分析如下：

1）减少采购损耗

基于历年工程资料分析得出，异形曲面钢结构钢材采购损耗量按加工图纸用量的 5.2%，本工程钢材用量达 2400 吨，采购损耗余量达 124.8 吨。采用 Tekla 建模，可对每个构件精确统计，采购时可不留余量，采购损耗余量可降至 2.8%，按采购时市场均价 4200 元/吨，可减损 2400×(5.2%−2.8%)×4200=24.192 万元。

2）缩短工期

利用 tekla 软件生成的采购清单，可实时滚动采购，满足施工进度，与原使用 CAD 软件翻样相比，缩短工期至少 5 天以上。

利用 tekla 软件翻样，有效地将差错率控制在较小范围内，现场安装更加流畅，大大减少返工工作量，缩短工期 10 天以上。

（四）幕墙部分

由于本工程为异形建筑，会出现混凝土结构、钢结构的外挑构件与幕墙的钢龙骨相碰撞。因此，有必要使 Revit（建筑、结构）、Tekla（钢结构）和 Rhino（幕墙）三种模型融合找出碰撞点（图 6-17）。

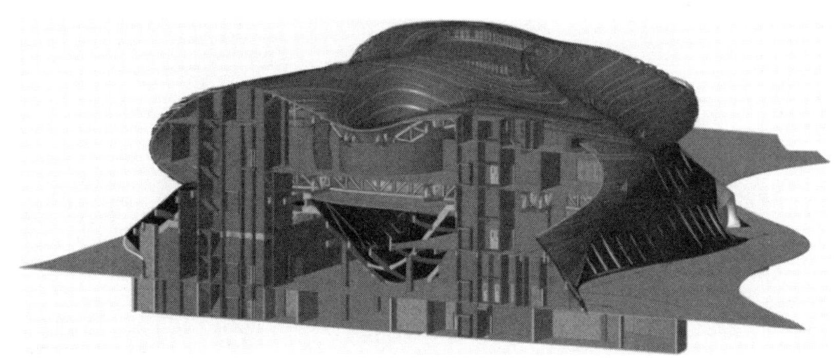

图 6-17　三种模型融合

经过 BIM 技术人员的论证，决定修改部分土建部分的限位位置以及钢结构与幕墙的锚固点，在确保幕墙外形的基础上适当调整钢结构外挑桁架的细部位置，并利用 Rhino 和 Tekla 软件对幕墙龙骨及局部桁架进行修改，确定无碰撞后，各单位对预制工厂和拼接施工单位进行技术交底，再根据变更绘制出幕墙详图（图 6-18）。

在源头上解决了由于未进行 BIM 技术应用而导致的成品构件报废，大大地减少了后期施工的人、材、机械设备浪费和工期的拖延，下图为碰撞变更部位幕墙现场施工（图 6-19）。

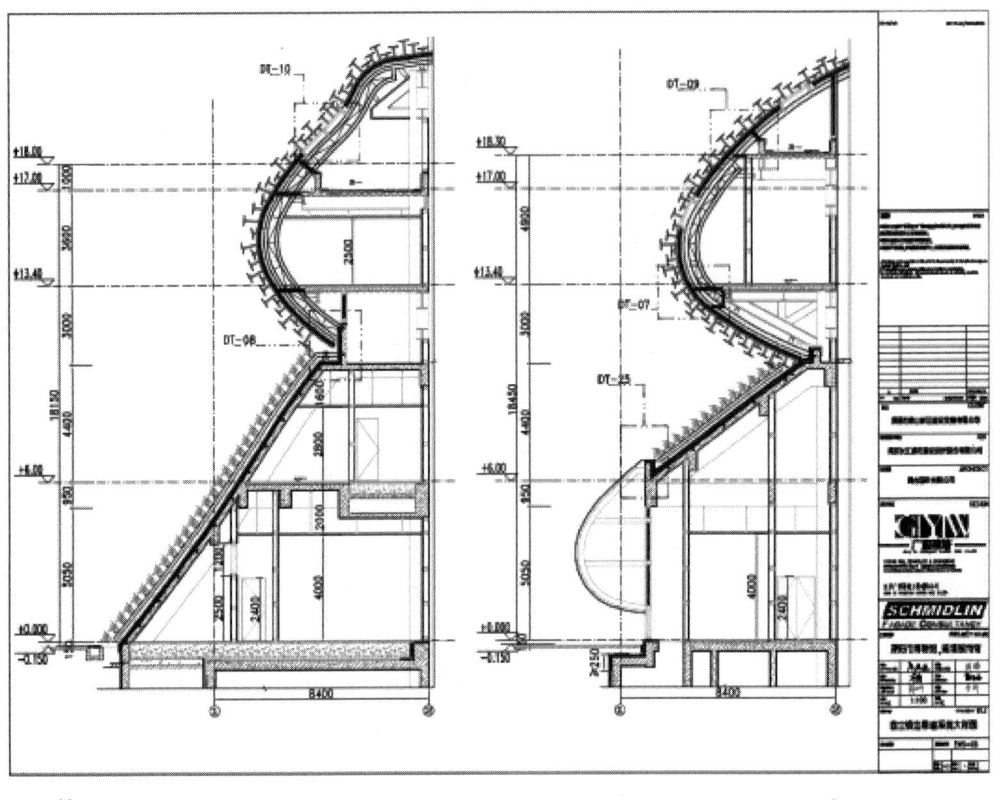
DT-10
DT-09
DT-08
DT-07
DT-25
+18.00
+17.00
+13.40
+6.00
±0.000
-0.150
+18.30
+17.00
+13.40
+6.00
±0.000
-0.150
18150
18450
8400
8400
SCHMIDLIN

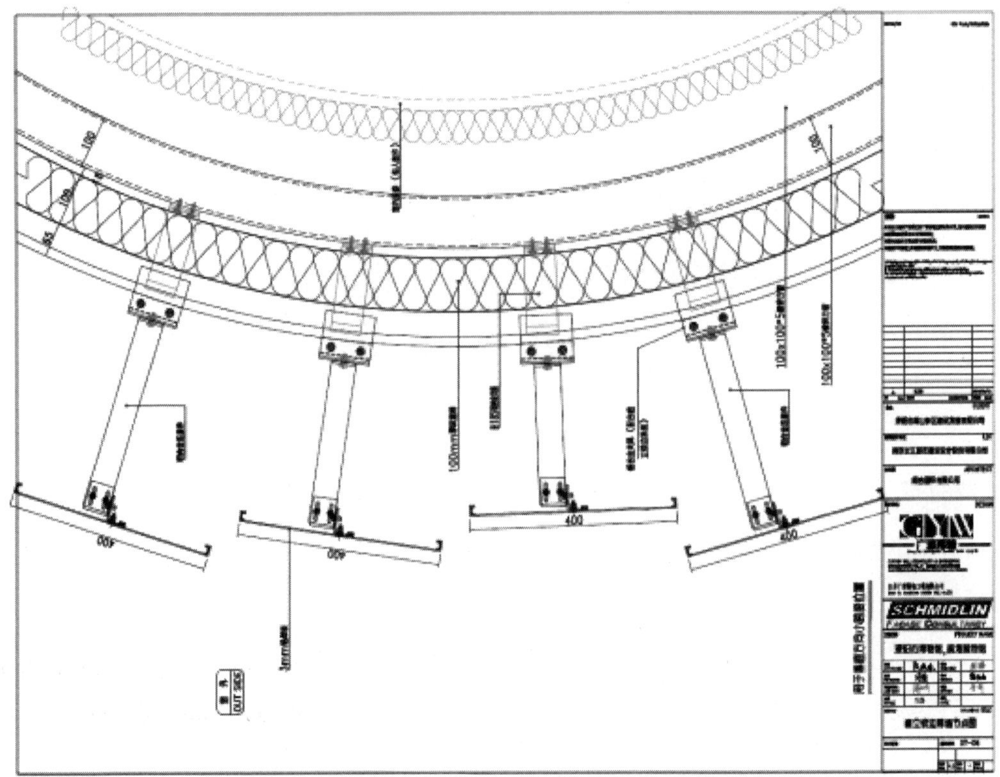
400
400
400
400
SCHMIDLIN

图 6-18 幕墙详图

图 6-19　碰撞变更部位幕墙现场施工

三、经验总结和展望

建筑工程施工在 Revit、Takla 和 Rhino 的 BIM 技术的同步协作作用下，新型土建模式逐渐成形，伴以广联达的 BIM 算量软件的成熟化，使得现场施工造价随建筑类型、建筑工艺等越发精确，对于成本的把控越来越具体化。往后的建筑动态管理将会以智能化的步调推行智慧化管理，更加切实有效地把控项目主体安全质量成本，多维协同必将成为房地产建设过程中不可或缺的一部分。

项目组成员：
邵思奇　江苏无锡二建建设集团有限公司技术研发中心副主任
严冬武　江苏无锡二建建设集团有限公司技术项目经理兼 BIM 组组长
窦耀森　江苏无锡二建建设集团有限公司 BIM 小组副组长
屠祺骏　江苏无锡二建建设集团有限公司 BIM 小组副组长
殷晓虎　江苏无锡二建建设集团有限公司 BIM 小组水电组组长
陈　江　江苏无锡二建建设集团有限公司 BIM 小组钢结构组组长

单位简介：

江苏无锡二建建设集团有限公司（简称无锡二建）总部坐落于无锡市京杭大运河畔、梁清路上的建工大厦。公司始立于 1975 年 8 月，现企业经济性质为有限责任公司，实有资本人民币 1.8 亿元，是国家房屋建设工程施工总承包一级资质企业，具有承建国内外各类建筑安装工程，从基础施工、主体建造、金属结构制作安装、市政道路广场施工、起重设备吊装到室内外装饰、工业设备安装、消防环保设施和机电水电通风工程等建筑安装施工全过程作业的总承包能力。公司有独立的建设工程质量检测中心、房屋建设开发、建筑劳务服务、建材营销、设备租赁、物业管理，还具备国家商务部批准的对外承包工程经营权。公司现有总资产 15.8 亿元人民币，年施工面积 130～150 万 m^2。

【案例 7】EPC 项目的 BIM 精细化管控

——东西湖文化中心项目

曹培才　王廷先　马　兰　王召正

源海项目管理咨询有限公司　山东　青岛　266555

摘　要：本项目通过建立全专业的数字化模型，在决策、设计、施工及竣工运维阶段进行应用，实现以“进度、成本、质量、安全”为目标的项目总控管理。从项目之初开始建模，参与方案优化，及时协调设计，减少设计变更造成的事后进度延误及成本超标，达到事前控制的效果。以 BIM 模型为载体进行可视化交流，进度为主线，成本为目标，实时统计计划和实际的工程量和造价，达到项目成本动态管控，过程中整合数据资料，集成于 BIM 模型中，提供完整可追溯查询的信息资源，并为后期运维奠定数据基础。

关键词：EPC 总承包；BIM 技术优化；全生命周期；精细化管理

一、项目概况

东西湖文化中心坐落于武汉市东西湖区吴家山，被列为湖北省重点建设项目，项目总建筑面积 15.26 万m²，其中地上建筑 9.83 万m²，地下建筑 5.43 万m²。由剧院、文化馆、档案服务中心、市民阅读中心、文化创意产业中心、博物馆科技馆六个造型各异的单体建筑，组成以内部庭院为中心的有机整体。并为 2019 年第七届世界军人运动会提供相应配套服务，建成后将成为武汉市多功能文化中心的新地标（图 7-1）。

图 7-1　东西湖文化中心

（一）项目重难点

（1）武汉东西湖文化中心项目为 EPC 总承包模式，项目占地面积大，单体数量多，功能分区复杂，参建单位众多，需进行交叉作业，采用 BIM 技术进行协同管理。

（2）项目设计难度大，时间紧，利用 BIM 技术＋AI 审图方式提升设计效率。

（3）项目周期紧张，单体复杂，施工质量高，存在钢骨柱、超大跨度钢结构桁架、复杂幕墙节点等施工难点，为确保施工进度，需应用 BIM 技术提前进行施工模拟，验证施工方案可行性。

（4）项目包括五馆一中心，运维数据量大且属性较多，需利用 BIM 运维平台进行综合管理，提升市民体验，降低综合能耗。

（二）技术先进性

1. 设计：BIM+AI 审图

首次将人工智能技术与 BIM 技术相结合，在项目设计阶段即将 BIM 模型导入人工智能后台并结合相应规范进行自动评审校核，优化设计成果。

2. 设备供货安装：装配式机房

利用 BIM 技术进行模型前置，构件安装模拟。通过二维编码对设备构件进行编组，方便现场拼装。

3. 施工：钢骨柱专项应用

利用 BIM 技术对钢骨柱节点进行深化设计，优化吊装及安装顺序，提升施工质量及效率。

4. 运维：BIM+FM 综合应用

利用 BIM 技术进行平台建设，运用大数据、人工智能及 IoT 等前沿科技，重新定义建筑能源管控方式，真正做到绿色环保。

二、团队介绍和标准、流程建设

（一）团队组织架构

为保证 BIM 技术顺利实施和发挥技术引领的作用，组建了以项目经理统筹协调，总工程师、项目副经理、教授级高级工程师技术支持，各专业工程师精确实施的强力 BIM 团队，并建立了行之有效的 BIM 管理制度和运行体系。

（二）软硬件配置

在实施过程中使用了 CAD、Revit、Navisworks、Tekla、Lumion、AI 算法引擎、BIM 自研平台等软件；充分运用 BIM 工作站、放样机器人、无人机、移动客户端等硬件设备（图 7-2）。

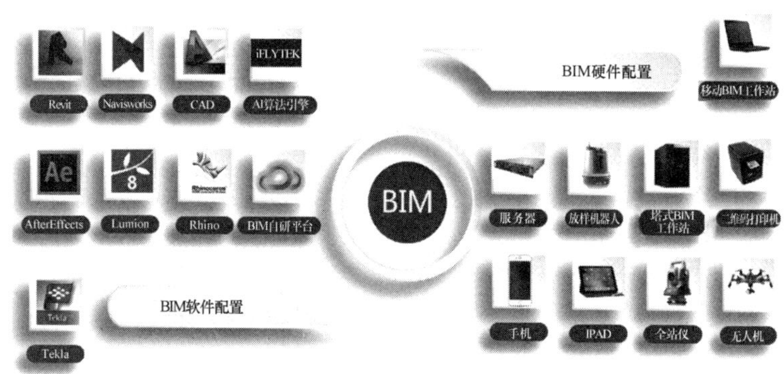

图 7-2　软硬件配置

（三）BIM 标准建设

BIM 标准建设如图 7-3 所示。

（四）BIM 管理流程

BIM 管理流程如图 7-4 所示。

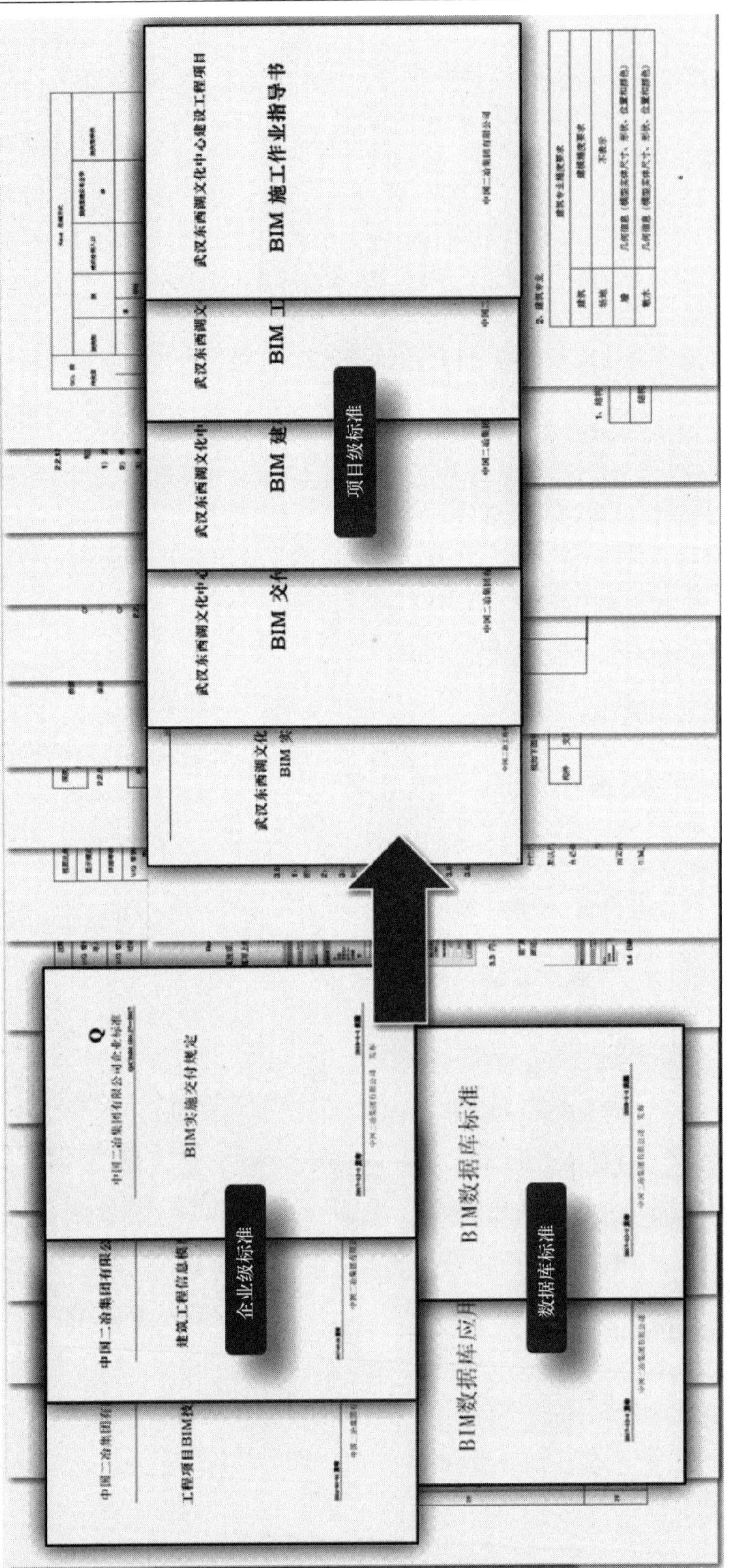
项目级标准
企业级标准
数据库标准
武汉东西湖文化中心建设工程项目
BIM 施工作业指导书
中国二冶集团有限公司企业标准
BIM实施交付规定
BIM数据库标准

图 7-3 BIM 标准建设

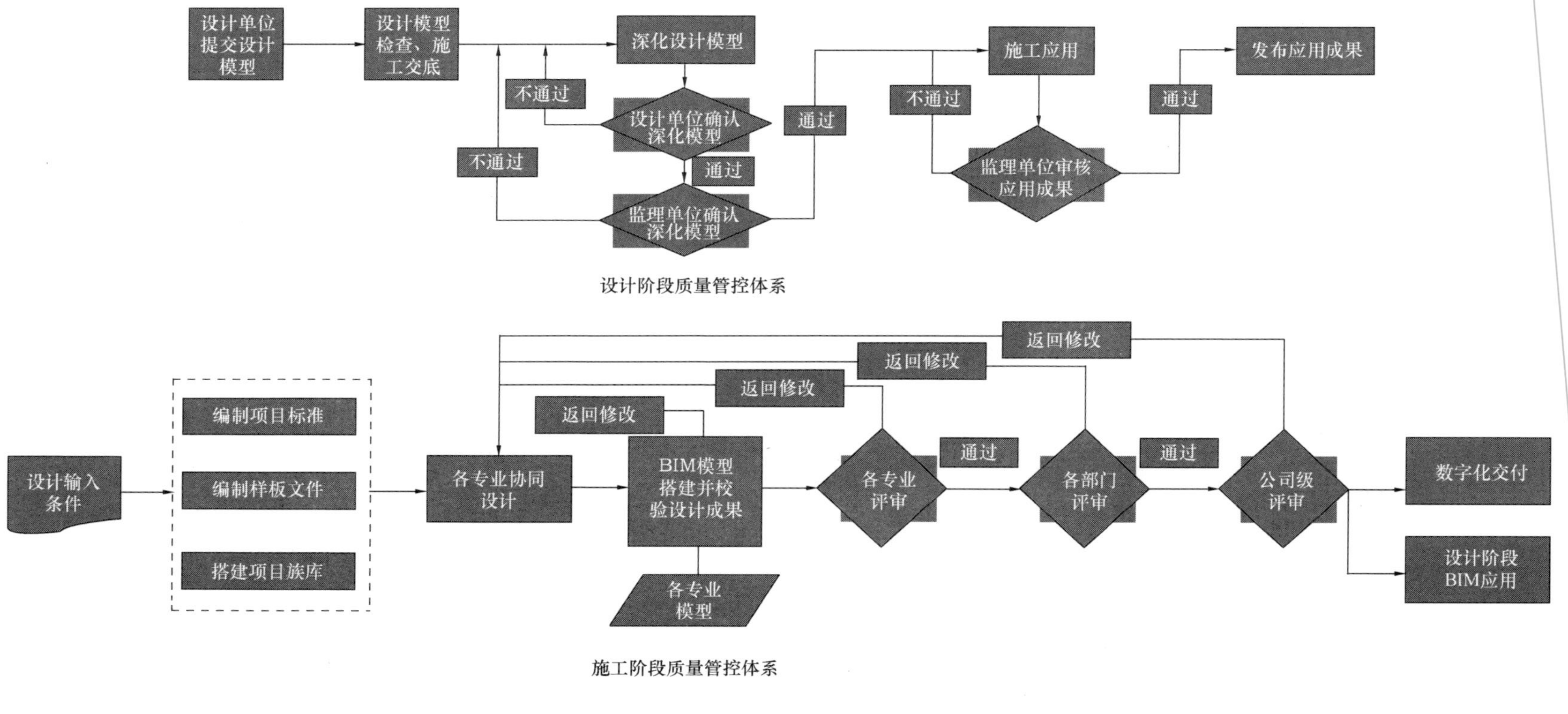
设计单位提交设计模型
设计模型检查、施工交底
深化设计模型
不通过
设计单位确认深化模型
不通过
通过
监理单位确认深化模型
通过
施工应用
不通过
监理单位审核应用成果
通过
发布应用成果
设计阶段质量管控体系
返回修改
返回修改
返回修改
返回修改
设计输入条件
编制项目标准
编制样板文件
搭建项目族库
各专业协同设计
BIM模型搭建并校验设计成果
各专业模型
各专业评审
通过
各部门评审
通过
公司级评审
数字化交付
设计阶段BIM应用
施工阶段质量管控体系

图 7-4　BIM 管理流程

（五）BIM 施工图设计流程

BIM 施工图设计流程如图 7-5 所示。

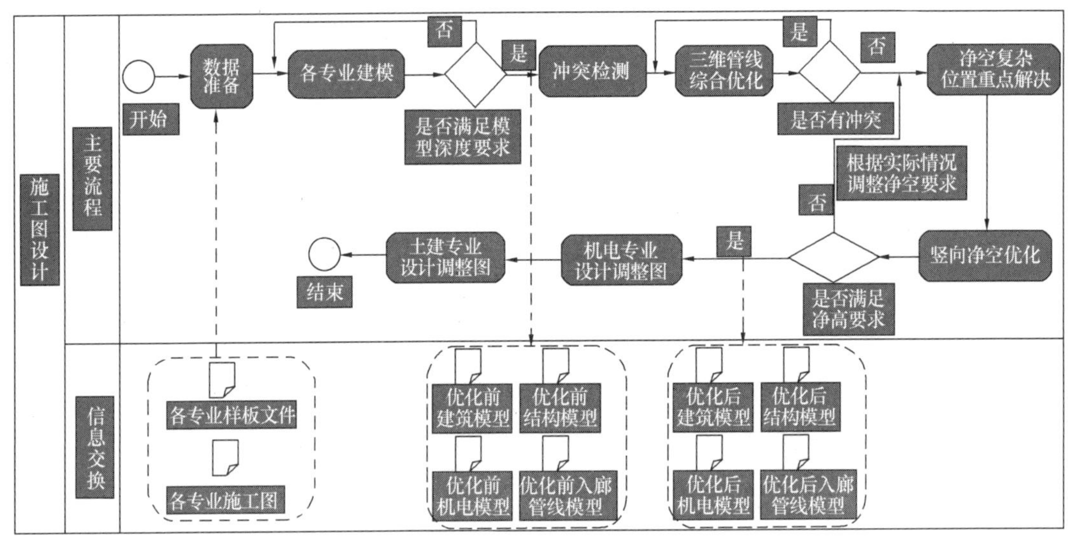

图 7-5　BIM 施工图设计流程

三、项目实施

项目制定了完善的管理制度，清晰的工作界面划分、有效的沟通机制，保证本项目 BIM 工作扎实推进。

建立工作例会、工作联系群、BIM 问题单等沟通机制，确保问题得到有效解决。

运用 BIM 技术进行技术交底，从而对项目进行管控，节约施工成本，缩短施工周期，提升建筑品质（图 7-6）。

图 7-6　BIM 技术交底

（一）进度管理

进度计划与BIM模型动态模拟，分析总控计划及工期的合理性，合理调配劳动力、周转材料、机械等资源。系统自动分析任意节点的进度偏差，提示推迟的工序，如图7-7所示。

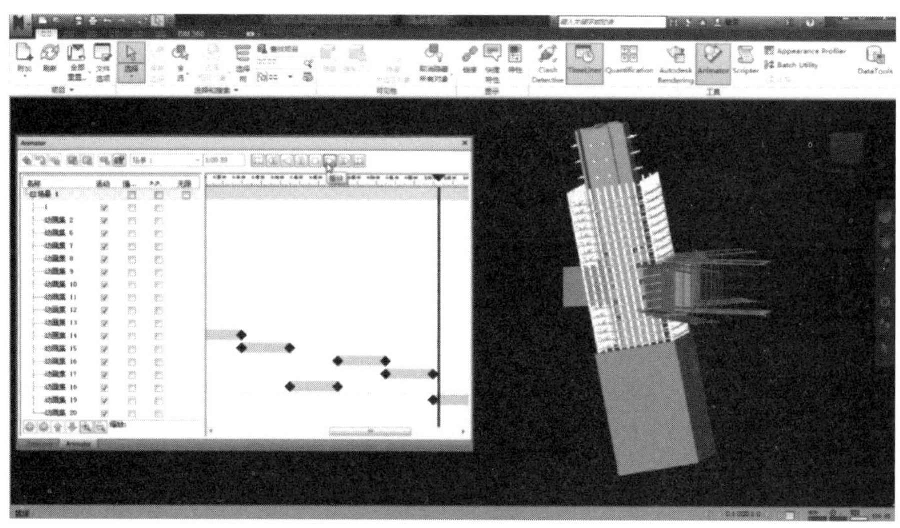

图7-7　BIM进度检测

利用无人机航拍，及时掌握现场施工进度，并与进度模拟进行对比分析，得出实际进度与计划进度差距，进行施工进度预警，如图7-8、图7-9所示。

图7-8　模拟图

图 7-9 航拍现场施工图

（二）质量管理

利用 BIM 模型质量样板进行交底，形成标准化质量体系，有效预防质量通病，实现施工过程的精细化管控，如图 7-10 所示。

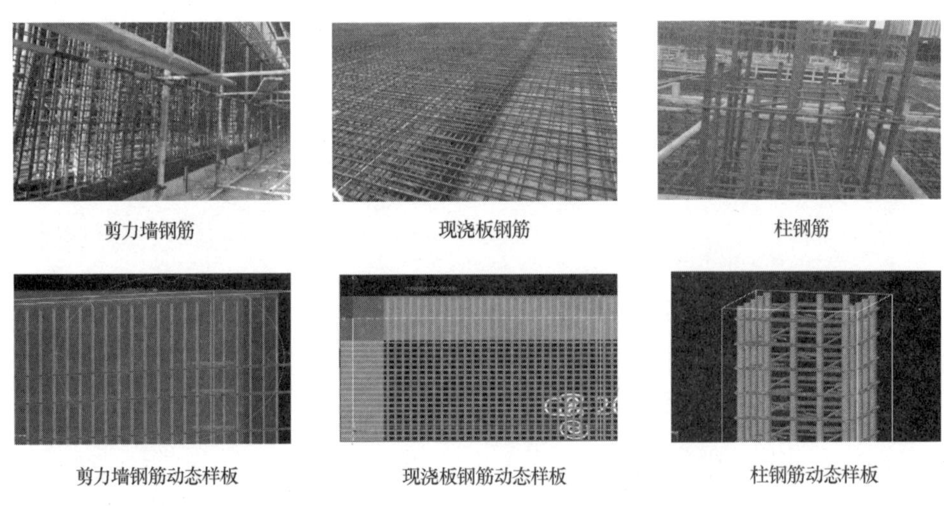

图 7-10 实物样板图

（三）成本管理

基于工程实际进度、计划进度、模型工程量以及清单计价数据，对比分析计划与实际工程量差距，实现动态成本管控，对成本进行动态纠偏，如图 7-11 所示。

（四）安全管理

在模型中创建临边防护体系，参照模型对现场防护体系进行对比检查，减少不合理处，确保施工过程安全，如图 7-12 所示。

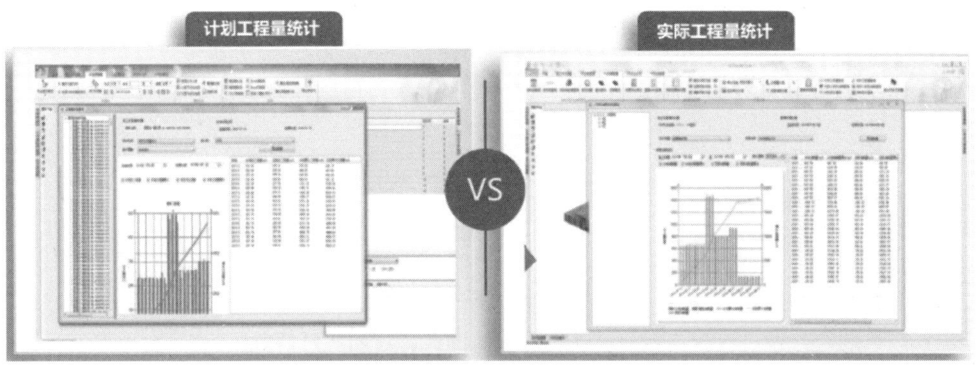

图 7-11　计划与实际工程量对比

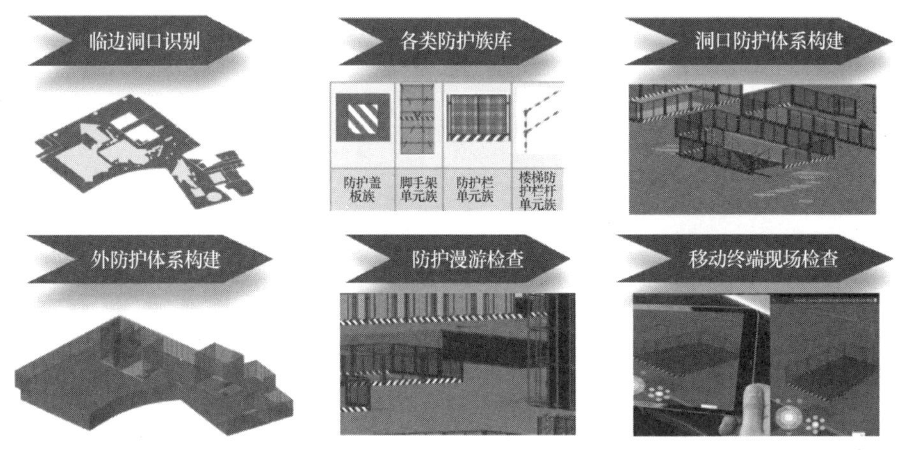

图 7-12　参照模型

（五）精细建模

对楼板、墙体、门窗、楼梯、屋面、钢结构等工程部位进行精细化建模，如图 7-13 所示。

图 7-13　精细化建模

（六）模型交付—文化创意产业中心

结构、建筑、机电、地下管综、精装修模型分专业建立，指导施工，实现全过程、全专业模型信息集成，如图 7-14 所示。

图 7-14 精装修模型

四、项目 BIM 应用

（一）设计阶段应用

1. 风模拟环境

运用 BIM 技术- ENVI _ MET 软件对场区进行风环境模拟，真实还原场地自然风环境，结合建筑布置对景观进行优化，如图 7-15 所示。

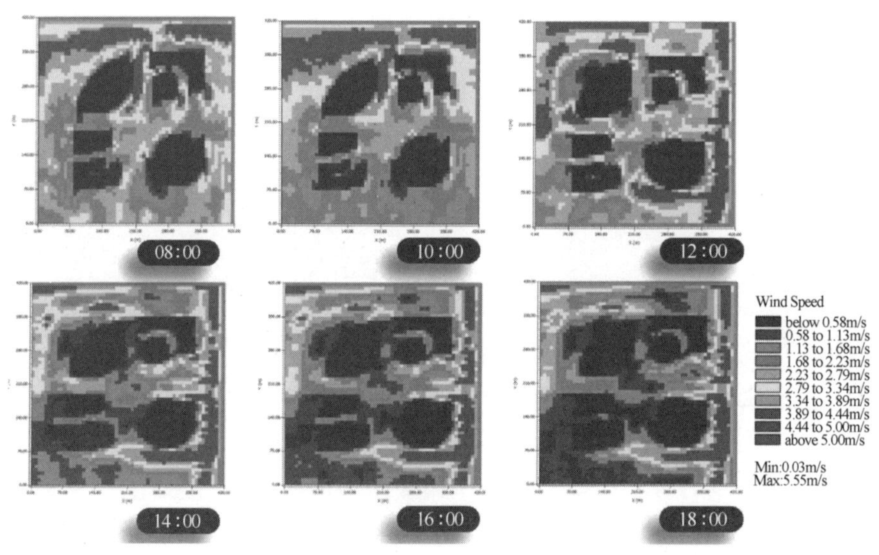

图 7-15 环境模拟

2. 机电深化设计

通过碰撞检查、净空分析模拟、管线综合分析等手段，发现并解决了208项土建、机电等专业图纸问题，敦促设计单位完成设计变更。减少施工过程中的图纸变更，如图7-16、图7-17所示。

图7-16 净空分析模拟

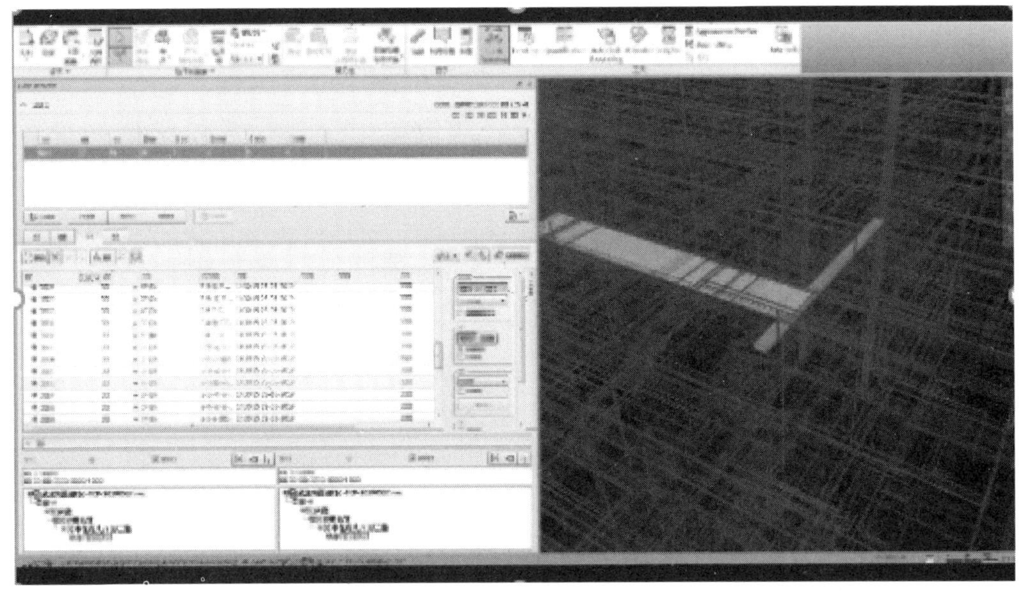

图7-17 碰撞检查

3. 深化出图

利用管线综合深化调整后的模型出具平面、立面、剖面、节点图，指导现场施工，减少拆改，提升施工质量，如图7-18所示。

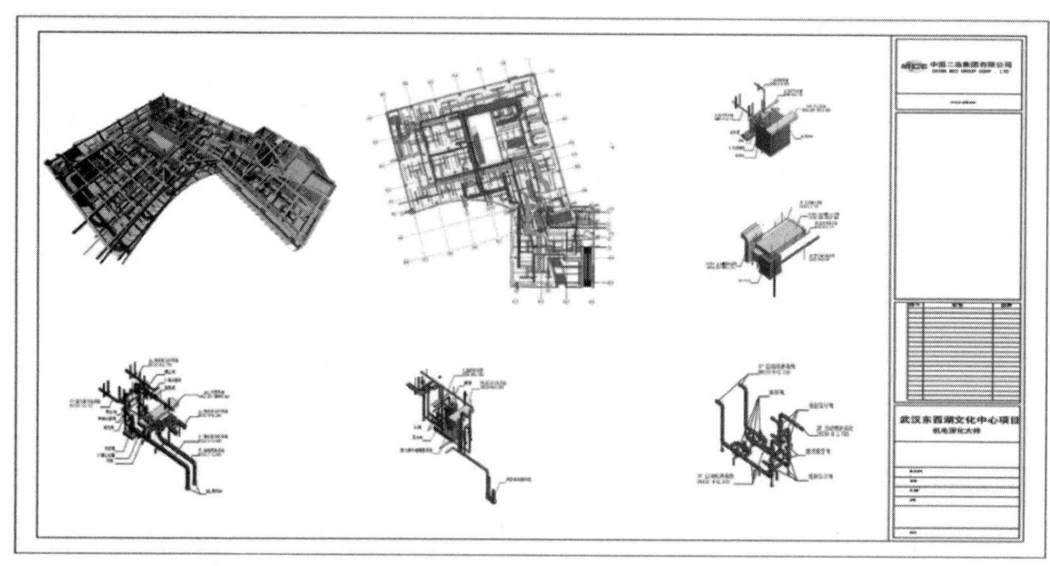

图7-18　平面、立面、剖面、节点图

4. 综合支吊架

排布综合支吊架共享吊架空间、协调施工工序、节约资源、降低成本，如图7-19所示。

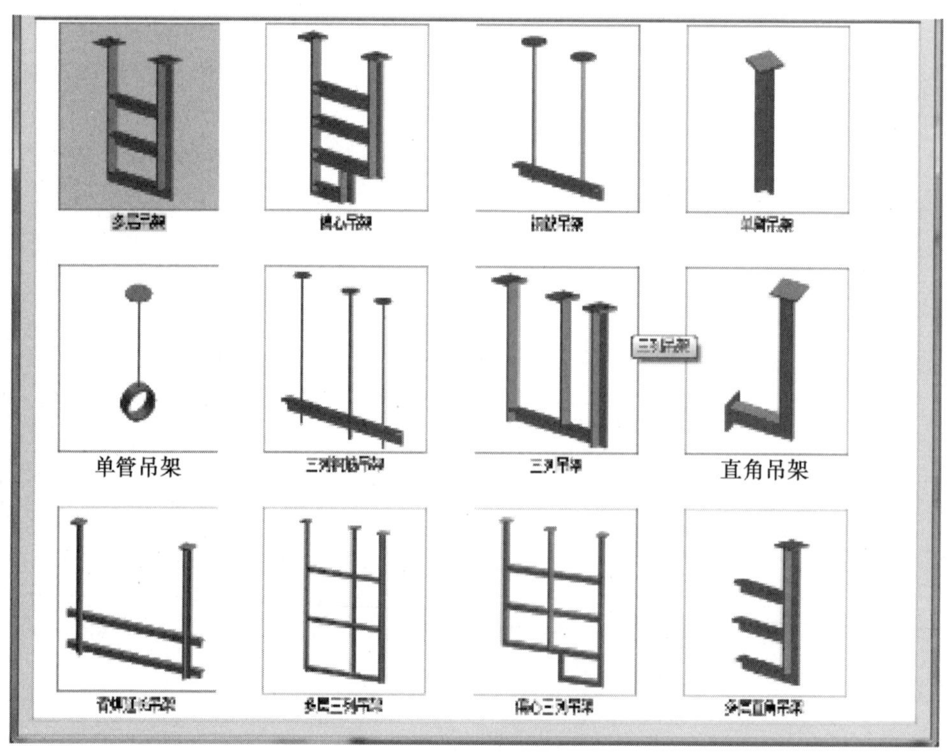

图7-19　综合支吊架（一）

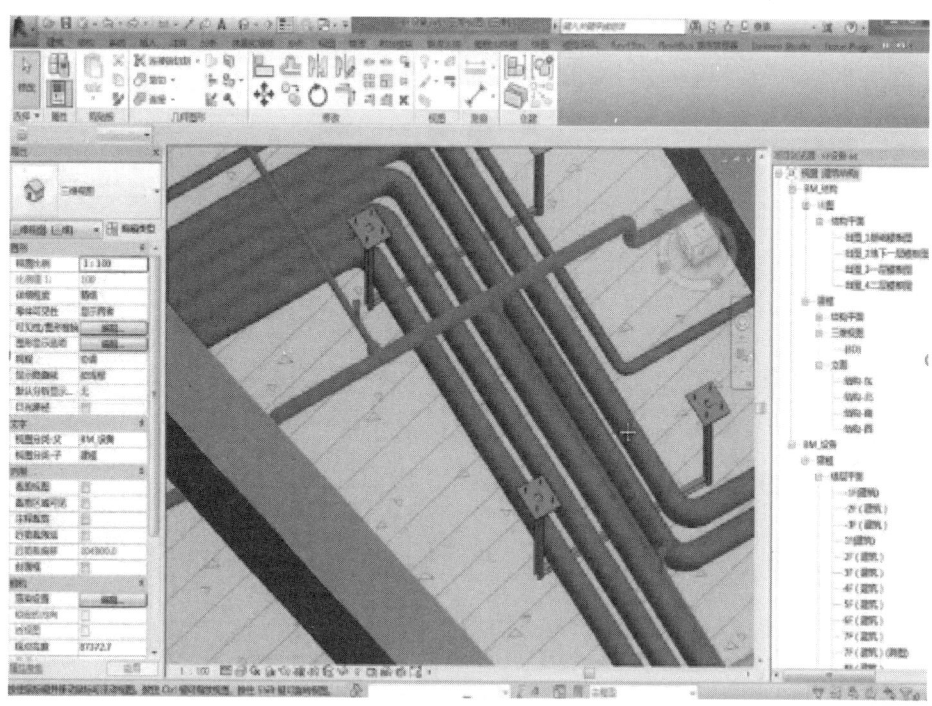

图 7-19　综合支吊架（二）

（二）施工阶段应用

1. 机房漫游

通过 BIM 技术进行机房漫游，真实还原设计场景，检查设计合理性，如检修空间、设备及管线整体布局等，如图 7-20 所示。

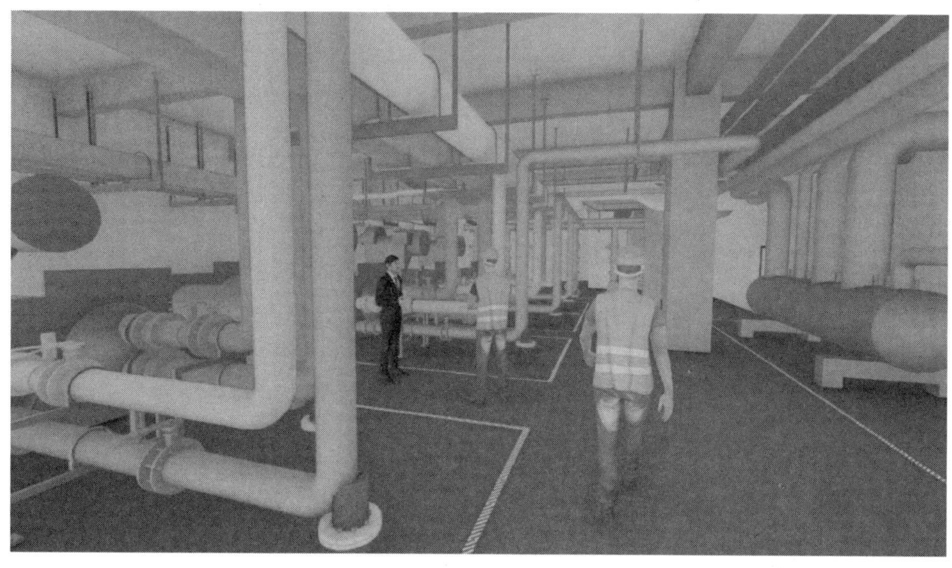

图 7-20　机房漫游

2. 砌体排砖

通过 BIM 模型对砌体墙进行精准排布，实现砌块的集中加工，大幅减少砌块的浪费，节约成本，如图 7-21 所示。

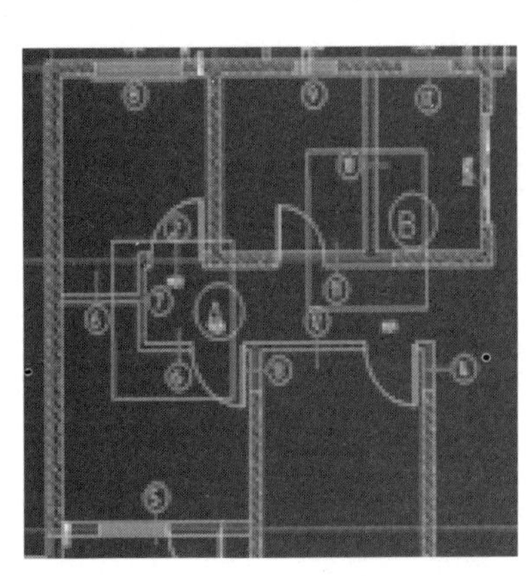
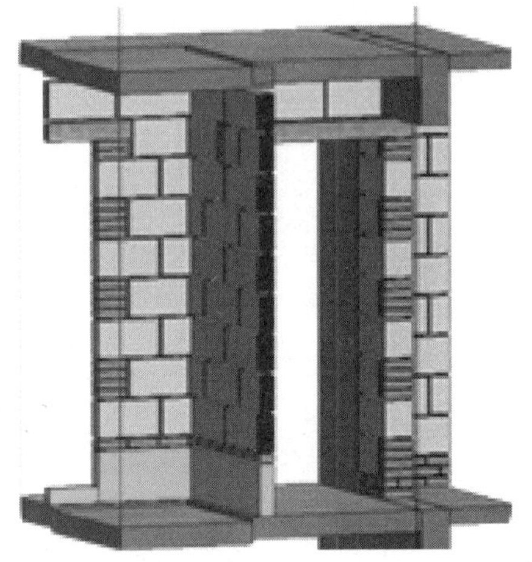

图 7-21　砌体排砖

3. 精准预留洞

利用管线综合后的机电模型作为参照，进行二次结构预留洞设计，使得现场二次结构预留洞的精确率达到 95%，减少返工，有效缩短施工周期，降低成本，如图 7-22 所示。

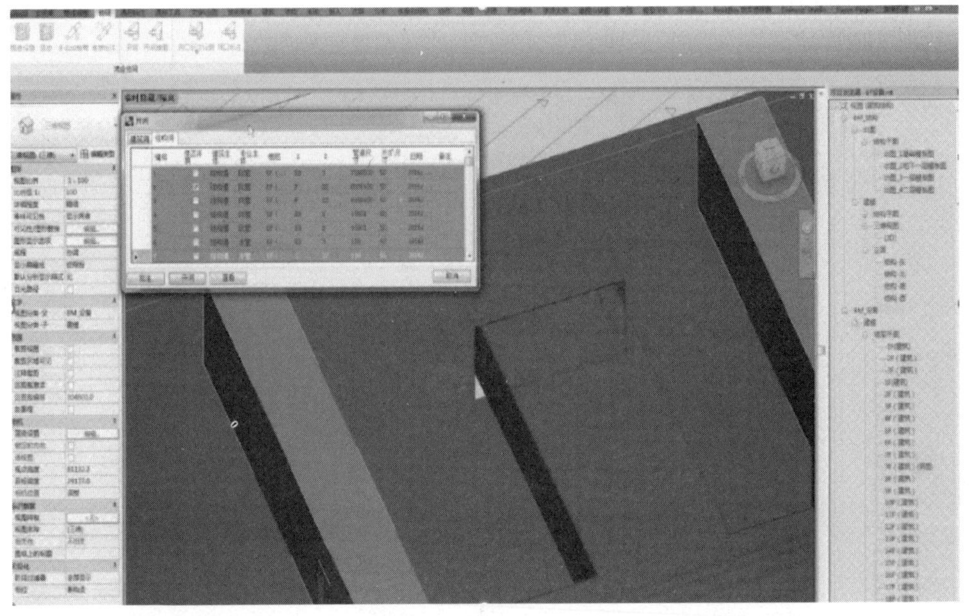

图 7-22　预留洞

4. 节点深化

对幕墙、钢桁架等关键节点进行建模并深化设计，实现质量的前置管控，如图 7-23 所示。

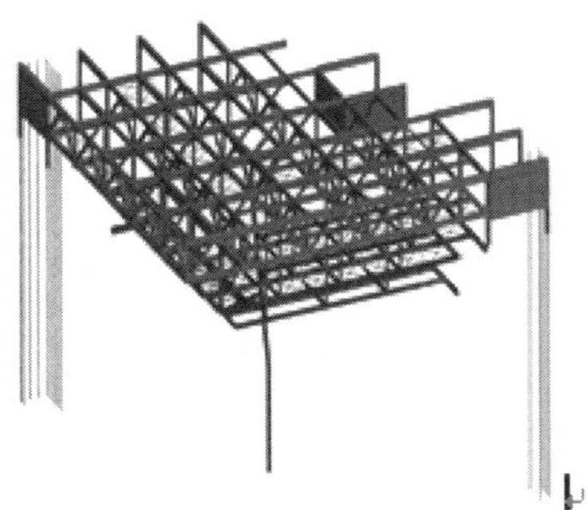

图7-23　节点深化设计

5. 场地布置

根据前期现场实景及场地布置图进行三维场布建模，使得场地布置动态化管理得以实现，如图7-24所示。

图7-24　三维场布建模

6. 钢骨柱专项应用

BIM节点样板对工人进行移动端可视化技术交底，通过BIM可视化技术对关键部位进行复核，如图 7-25 所示，扫描二维码可查看 3D 视图。

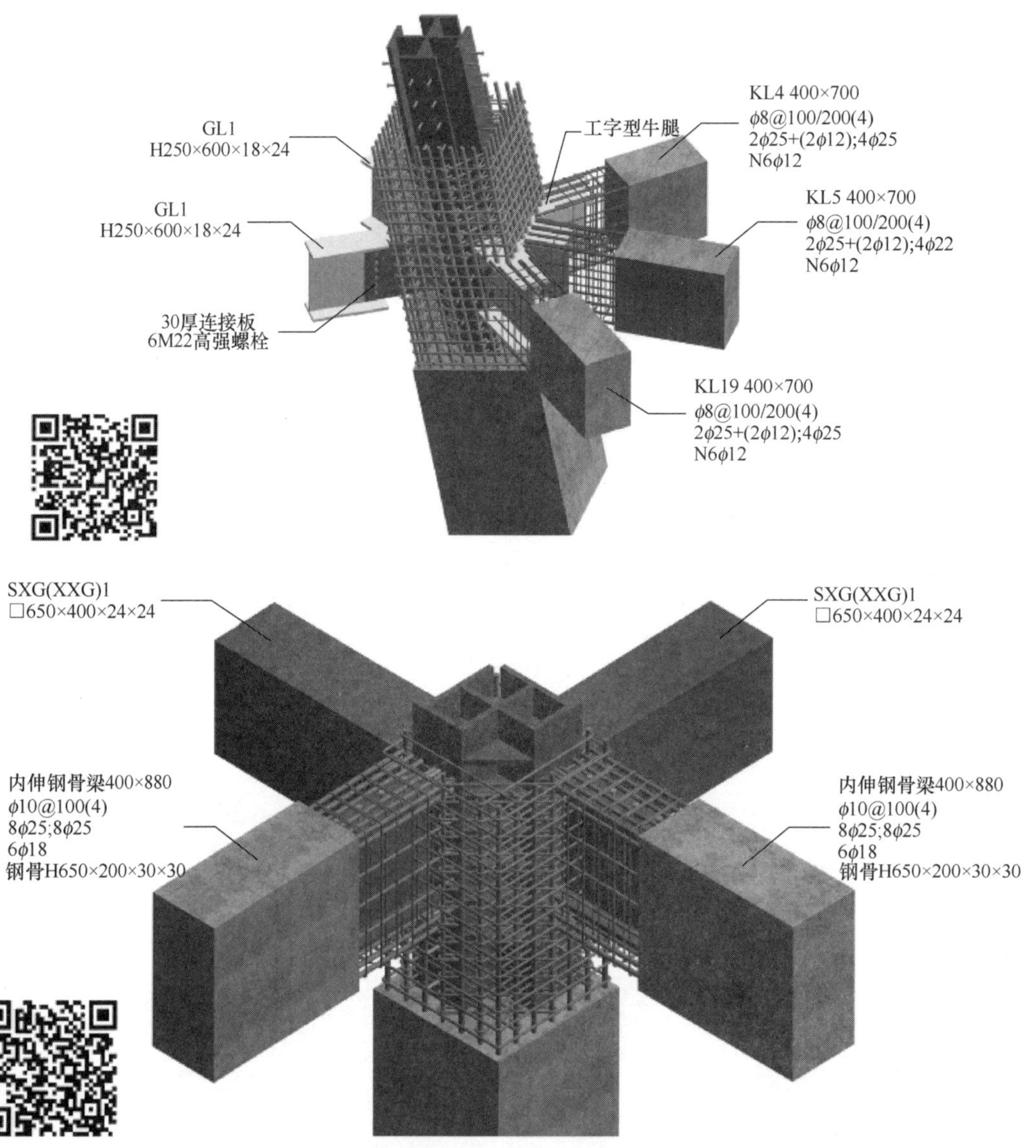

图 7-25　BIM 节点样板

文化创意产业中心采用大跨度悬臂预应力桁架梁，对钢骨柱分段加工，型钢牛腿及连接板焊接，型钢牛腿上焊接钢筋套筒，主筋、箍筋及拉筋绑扎，模板安装，混凝土浇筑等进行施工模拟。

7. 智慧工地

利用智慧工地 APP 移动端查看相关模型与实景对比，提高质量管控，并结合 AI 技术提升工地智慧化程度。

图像识别：应用于识别项目人员，人员所处区域安全指数识别，人员施工行为规范度识别，如图 7-26 所示。

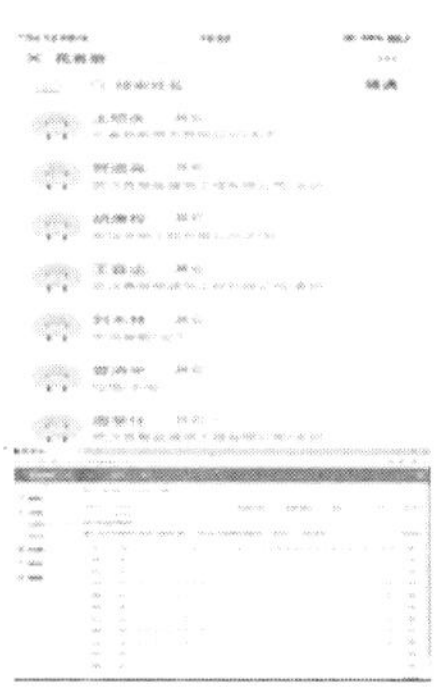

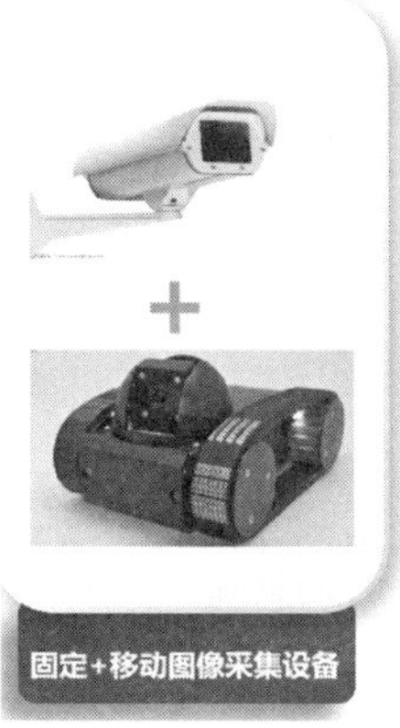

图像识别、视频分析，识别
人员、安全帽、火源等

识别物体与模型、3D环
境进行合并分析

图 7-26　BIM 图像识别

利用 BIM 模型与视频数据拼接融合，与智慧工地平台联动，追溯项目施工人员作业线路，保障施工安全，并对可疑人员进行排查，如图 7-27 所示。

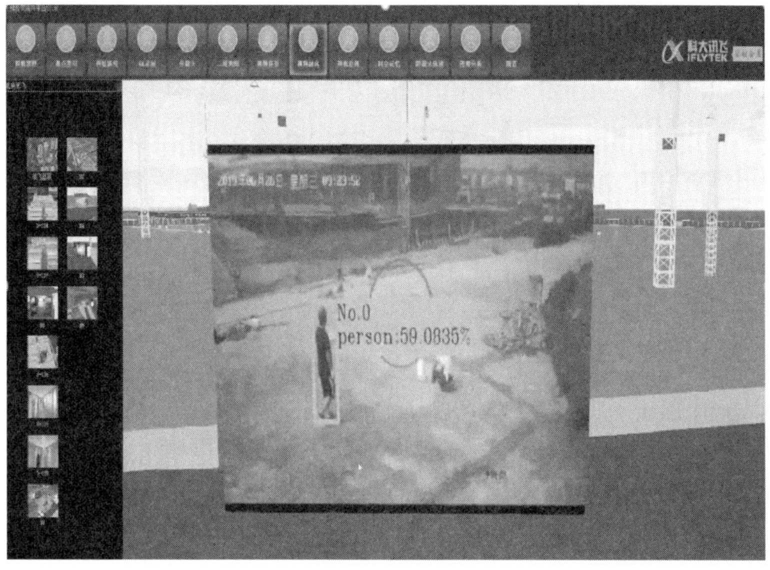

图 7-27　BIM 模型与视频数据

（三）管理应用

1. 专业协同

自研平台实现了多方设计内容与结果的管理，多格式二维文档和三维模型预览、批注，实现多专业协同会审，如图 7-28 所示。

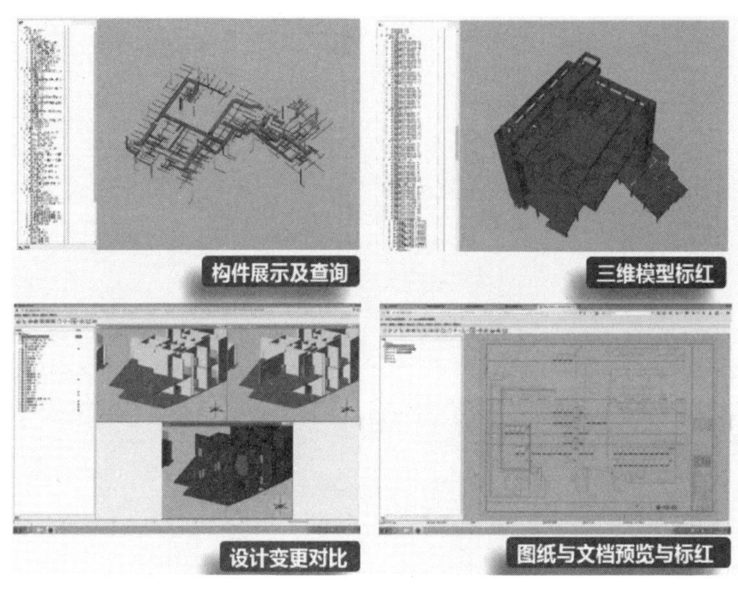

图 7-28　自研平台

2. 创新应用

AI 审图为建筑 CAD 图纸、BIM 模型的模型检查、合规性审查、合理性审查及优化建议报告提供快速、便捷的审图体验，如图 7-29 所示。

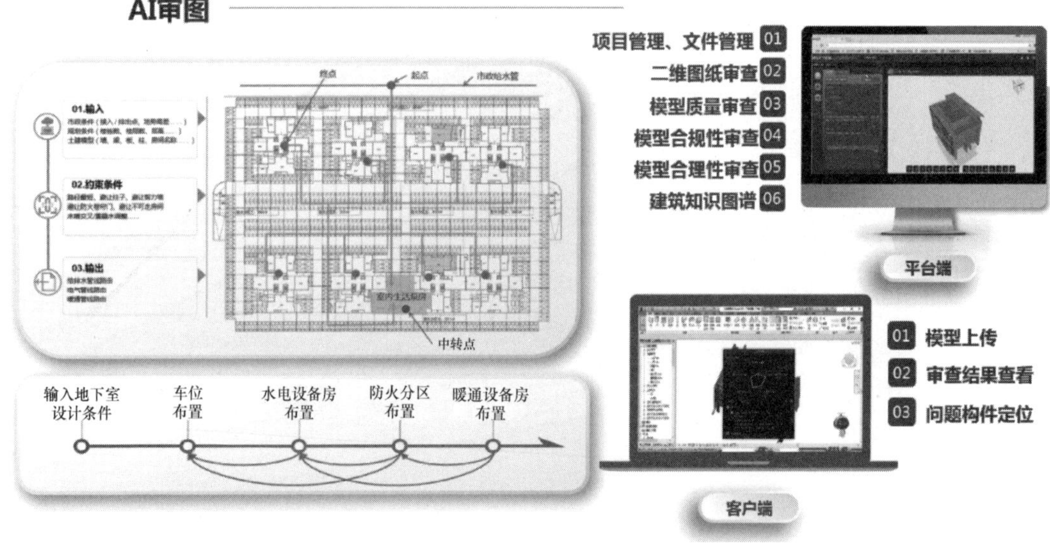

图 7-29　AI 审图

3. 运维平台

结合 BIM 进行运维管理，集成各设备属性参数，为后期建筑运维提供数据支撑，生成二维码，方便运维人员进行设备巡检，如图 7-30 所示。

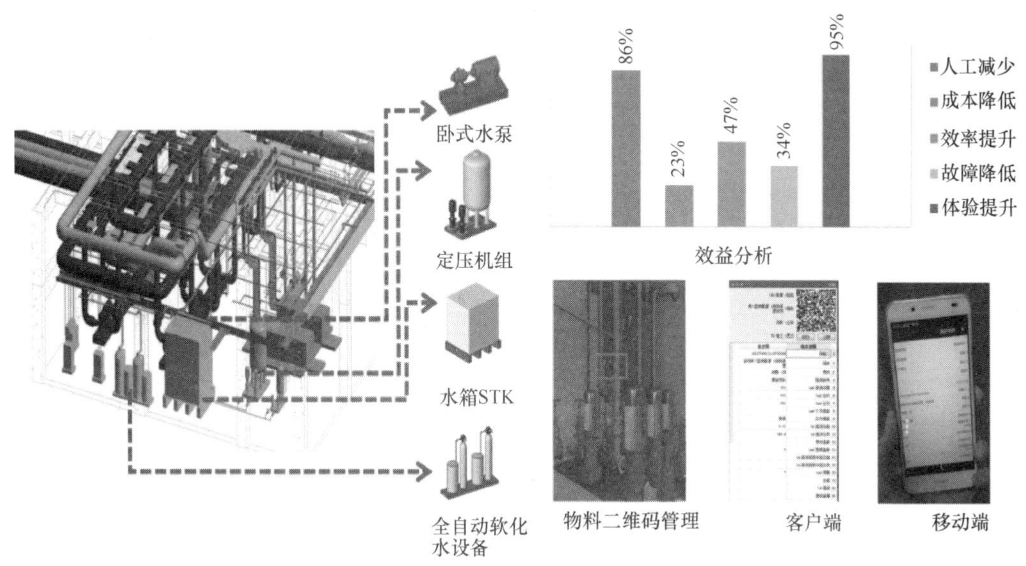

图 7-30　运维平台

基于 BIM 集成的建筑信息数据库研发，有助于运营维护管理以及保修服务的快速响应，为降低运营维护成本提供数据支撑，如图 7-31 所示。

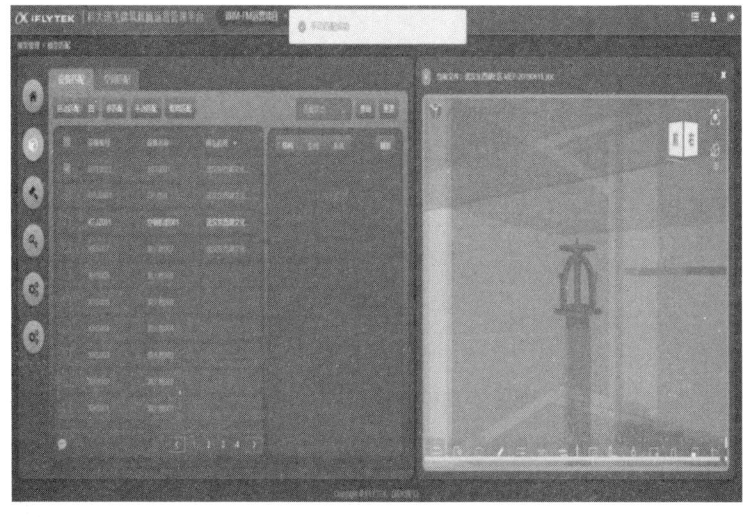

图 7-31　建筑信息数据库

五、BIM 应用效益分析

（一）社会效益

（1）利用 BIM 技术优化施工，大大缩短工期，为第七届军运会举办提供配套设施。

（2）施工过程零伤亡，创省级安全文明工地，国家AAA安全文明标准化诚信工地。

（3）BIM技术贯穿EPC项目全生命周期，实现精细化管理。

（4）创湖北“楚天杯”及鲁班奖。

（5）应用“四新技术”，创武汉市新技术应用示范工程。

（6）最大限度节约资源减少对环境负面影响，实现“四节一环保”。

（二）经济效益

（1）人工智能：利用AI审图技术为设计合理性检查提供快速、便捷体验，召回率达到85.9%，提升效率20%。

（2）深化管理：根据设计阶段对接的模型，提前进行深化及碰撞检查，减少后期各专业交叉施工问题，减少变更230余份，节省施工工期54天，节约成本2348万元。

（3）协同管理：依托BIM应用平台加强各参建方工作间的协作能力，实现信息的公平、对称、及时性；加强项目成本、资金管控能力及力度；提高管理效率10%。

（4）技术管理：实现技术工艺的演示、技术方案的优化、技术措施的管理，提升现场施工质量。

（5）安全管理：通过视频监控、移动端监控、安全措施布设加强现场安全管控力度，减少间接经济损失200万元。

（6）运维管理：通过大数据及人工智能、IoT等技术的应用，重新定义建筑能源管控方式，真正做到绿色环保，节约费用8%。

（7）增加协调与协作性；方便冲突检测，并缓解风险；高级别的可定制化和灵活性；调度和成本得到优化；使建筑物整个生命周期易于维护；快速出图且不损失成本和质量。

（8）建设成本降低20%；全生命周期建筑运维成本33%；施工期间的冲突和重建率减少47%～65%；项目整体质量44%～59%；审查和批准周期减少32%～38%。

六、BIM应用后阶段评价

（1）基于BIM的文化中心整体建设推演，形象展示文化中心整体建设进程；指导建设顺序与资源调度，为项目开拓提供支持。

（2）节点三维设计，避免管线节点处碰撞，确保管线合理排布，复杂节点深化，指导施工。

（3）基于BIM的协同设计，大幅提高设计管理效率与设计质量，提高综合管理效率约15%。

（4）设计合理性校核，消除因设计失误造成的浪费。发现一处不合理设计。

（5）仿真分析，提高文化中心设计的合理性、经济性，通过可视化方式，提高交流效率40%。

（6）基于BIM的施工进度管理，有效提高项目施工进度管控水平。

（7）VR技术与综合监控系统集成应用，为文化中心生产施工运维阶段提供可视化思路，为各阶段提供数据支撑。

（8）工程量统计，为工程预算、决算提供数据支撑，有效提高工程效益。

（9）三维成果交付，为武汉市东西湖区建设数字化城市提供数据支持。

（10）质量安全管理，形成闭环的质量、安全管理体系，有效提高施工质量，降低安全事故风险。

七、工程中 BIM 技术应用心得体会

东西湖文化中心项目 BIM 实施以来，取得了较好的社会效益与经济效益，外界各组织多次前来交流，项目应用过程总结主要有以下几个方面：

（1）对项目的隐形提升，从不同方面对项目产生影响，在项目上逐渐深入到项目管理各个方面，比如可视化、管理流程信息化、沟通效率等隐形影响。

（2）在深化设计方面效果显著，发现大量管线碰撞、结构不合理等设计问题，极大提升了深化设计效率与质量，基本做到零返工，提升成本管控，有效降低成本。

（3）改善传统的工作流程，打破信息传递的沟通障碍，利用 BIM 管理信息化载体，提升一体化质量、安全、进度、成本、创新全方面全生命周期的管控。

（4）总结管理方法，积累业务数据，提升 BIM 价值，通过岗位级应用、项目级应用、企业级应用三大块，采用点、线、面的形式对 BIM 技术实施落地，将 BIM 理论运用到实施工程中。

项目组成员：
曹培才　源海项目管理咨询有限公司董事长
王廷先　源海项目管理咨询有限公司总经理
马　兰　源海项目管理咨询有限公司 BIM 事业部总经理
王召正　源海项目管理咨询有限公司 BIM 技术总监

单位简介：

源海项目管理咨询有限公司于 2005 年在青岛创建。现在发展成为服务贯穿建设工程全生命周期，工程咨询、工程造价咨询、招标代理、成本优化、BIM 咨询、全过程工程咨询、PPP 咨询、会计、测绘等于一体的专业化咨询机构，公司扎根青岛，逐步拓展山东省内及全国市场，在山东省内成立济宁、潍坊、烟台、威海、日照、德州、济南、淄博等分公司；在省外成立河北、山西、湖北、湖南、四川、宁夏、云南、天津等分公司。2017 年 8 月 10 日全资收购秦皇岛工建工程咨询有限公司，拥有各类专业人才 400 余人。

源海项目管理咨询有限公司是以客户需求为导向，为客户提供全生命周期的咨询顾问，致力于打造以信息化技术做支撑，以项目管理、法律、会计为核心技术的综合性咨询平台，源海正通过不懈的努力，向“国际化的综合性咨询机构”的愿景目标迈进。

【案例 8】BIM 技术带来的成本管控新变革

——宁波市医疗中心李惠利医院项目 BIM 成本管控

徐任远　胡霞滨　徐思敏　郑倩芳　竺　磊　陈海翔
浙江育才工程项目管理咨询有限公司　浙江　宁波　315000

摘　要： 本文以宁波市医疗中心李惠利医院项目为例，以施工阶段 BIM 成本控制为主要切入点，利用 BIM 模型的可视化、协调性、模拟性、优化性、可出图性的特点，辅助项目管理，以数据模型为基础，从项目变更、进度管理及成本分析等方面入手以达到减少变更、专业协同、精确算量的目的。详细描述了 BIM 技术在成本管控过程中的关键因素、核心工作以及主要方法。

关键词： 可视化；协同优化；变更管理；算量核查

一、项目概况

本项目地块位于浙江省宁波市原地新建一幢医疗综合楼，位于医院南侧，总建筑面积 104213.39m²，其中地上建筑面积 75086.73m²（包括门急诊、医技、住院、供应保障、教育科研和住院医师规范化培训等用房），新建总床位 600 床，地下面积 29126.66m²（为人防及停车设施），工程高度 87.56m（图 8-1）。

图 8-1　宁波市医疗中心李惠利医院

二、项目背景及难点

本工程为三级甲等综合医院，总投资 5.775 亿元，列入《宁波市卫生和计划生育事业发展“十三五”规划》，是宁波市重大民生工程，争创国优杯。业主引入 BIM 技术，目的是保证项目进度，提升施工质量，减少现场签证和设计变更，节约建造成本，为后期运维做基础。要求BIM咨询全过程跟踪施工现场，协助业主全面掌握工程进度、施工精度及成本管理；并以月为单位，现场同BIM模型进行精度和进度分析比对，直观反应进度偏差、质量、成本对比并及时提交对比报告。

本项目实施难点为：

（1）BIM数据量大，医院涉及的系统多，应用类型复杂。

（2）协调沟通工作量大，涉及项目参与方之间的沟通和配合；本项目采用全过程工程咨询的管理模式，由业主委托项目管理公司组织全过程工程咨询服务。涉及建设工程全生命周期内的策划咨询、前期可研、工程设计、招标代理、造价咨询、工程监理、施工前期准备、施工过程管理、竣工验收等各个阶段的管理服务。BIM咨询作为其中的一个环节，从施工阶段开始介入直至竣工交付，不仅是专项设计的内容，也是项目管理的重要工具，与造价、设计、施工等阶段息息相关。

（3）BIM模型精度要求高，需要达到运维深度，BIM要求形成数据库。

（4）时间紧张，BIM介入的时间晚，场地已经完成，桩基工程基本结束。在现有条件下如何调配资源，进行施工过程的BIM配合是个重大考验。

三、BIM成本管控理念与成果

（一）管控理念

传统成本控制通常是跟着项目全过程，对工程成本进行设计概算、设计预算、竣工决算，从而对成本进行控制管理，其中主要步骤是进行工程量的统计，工程量计算的准确与否决定着成本的精确程度，而面对医院如此庞大的数据量，传统的方法必然耗费庞大的人力成本；成本的管控是个动态的过程，利用BIM技术，BIM模型丰富的参数信息和多维的业务信息能够辅助不同阶段和不同业务的成本分析和控制。另一方面，从设计图纸这一源头上控制损失，避免施工过程中的误差，减少变更是提高成本控制质量的重要措施。在分析了任务书和项目现状后，我们确立了BIM先行、进度把控、变更管理等几个基本思路。

（二）成果

目前工程进度还在施工阶段，采用BIM技术之后，卓有成效，不仅仅提高了项目本身的质量，从管理和信息处理的角度也意义非凡。

（1）该项目实现了复杂工程量与复杂应用情况下的信息集成与应用，有效地提高了各种施工信息在整个过程中的传递和实效性。

（2）通过各方的配合，解决了很多专业协同问题，减少由于后期返工造成的成本增加，节约工期，节省造价；以可视化的优势，及时发现了工程进度、消耗方面的偏差，从而及时纠正。

（3）模型集成了BIM算量信息，将实际施工信息、工程消耗量、变更等与模型关联，通过算量软件的自动提取，实现了实时的多算对比分析，为项目决策及时提供准确的数据。

四、BIM成本管控方法和流程

（一）项目组织

公司针对宁波市医疗中心李惠利医院项目BIM技术应用的各个阶段需求，从场地、人员、管理等方面就本工程的实施作相应准备。

项目开始前，我公司成立项目实施小组。项目实施小组包括项目领导小组、项目负责人、项目技术顾问、BIM 数据小组等。在项目小组的领导下，由项目负责人进行总体调度，同步制订实施方案，以便确保项目能够严格按照要求开展与各方沟通协调，对外与甲方基建部门、设计院设计人员、施工技术人员交接，对内安排 BIM 数据建设小组、机电协调小组、造价服务小组、售后与培训，整个过程涵盖施工准备阶段、施工阶段及竣工交付阶段，同时配备两名建筑和安装专业的高级工程师作为项目技术顾问，为项目提供有力保障。同时以企业级 BIM 实施行为规范为蓝本，制定适应本项目的业务流程和协同方式，提高工作效率，降低成本（图 8-2）。

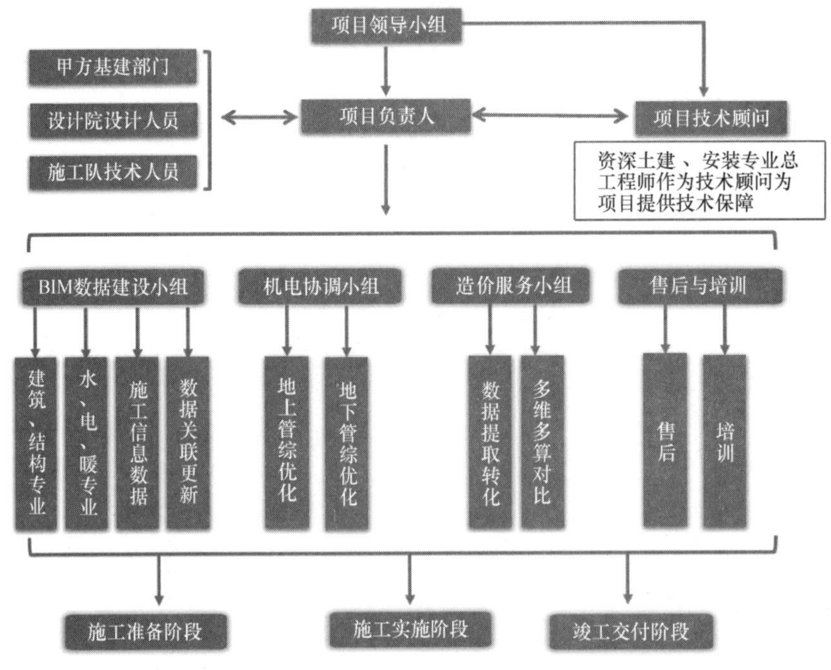

图 8-2　项目组织图

根据施工单位提交的计划确定了本项目的 BIM 应用流程。其中与成本管理相关的主要应用点有优化施工组织设计、精细化建模、数据关联、可视化交底、管综优化、数据更新维护、工程量提取、动态成本管理、进度管理等。

BIM 咨询作为全过程咨询中的一个环节，以技术配合的形式作为项目管理的辅助手段。成果以报告、CAD 图纸、会议纪要、签证等形式下发给设计院、施工单位等作为凭证。项目将由项目负责人进行总体调度，并对研究内容进行分类并安排专门的技术负责人负责实施。每个技术负责人员在每个研究环节实施前，应对相应的技术路线和技术方案进一步确认，并由小组讨论通过。针对项目提出的各项技术工作要求，制定完善的沟通与协作计划将有助于项目成员在整个项目组中高效地沟通、复用和共享数据并且避免数据丢失和误解。

在 BIM 模型的制作过程中，将各类模型通过专门的碰撞检测软件进行碰撞检测、参数检测，生成检测错误报告，这些问题都需要及时与设计方、业主方、代建方进行沟通，沟通和协作方式主要采用会议沟通和电子沟通两种。

项目实施流程如图 8-3 所示。

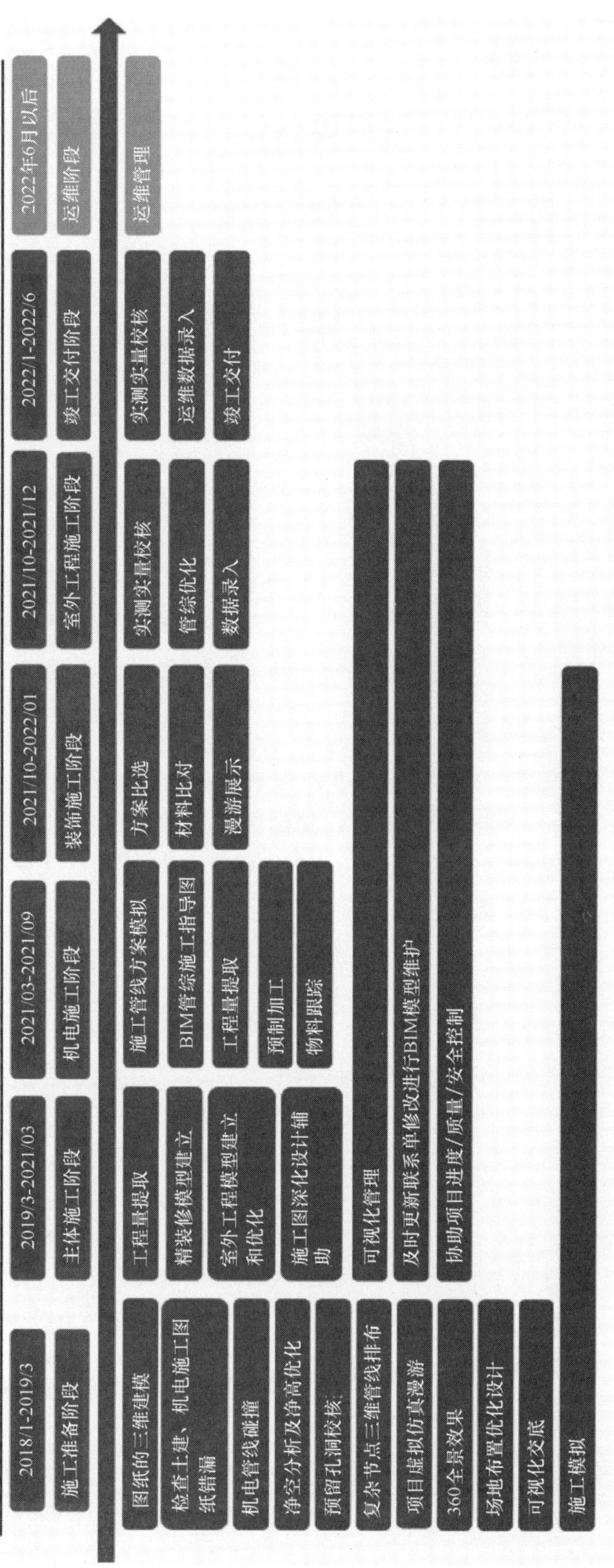
2018/1-2019/3
施工准备阶段
2019/3-2021/03
主体施工阶段
2021/03-2021/09
机电施工阶段
2021/10-2022/01
装饰施工阶段
2021/10-2021/12
室外工程施工阶段
2022/1-2022/6
竣工交付阶段
2022年6月以后
运维阶段
图纸的三维建模
检查土建、机电施工图纸错漏
机电管线碰撞
净空分析及净高优化
预留孔洞校核
复杂节点三维管线排布
项目虚拟仿真漫游
360全景效果
场地布置优化设计
可视化交底
施工模拟
工程量提取
精装修模型建立
室外工程模型建立和优化
施工图深化设计辅助
可视化管理
及时更新联系单修改进行BIM模型维护
协助项目进度/质量/安全控制
施工管线方案模拟
BIM管综施工指导图
工程量提取
预制加工
物料跟踪
方案比选
材料比对
漫游展示
实测实量校核
管综优化
数据录入
实测实量校核
运维数据录入
竣工交付
运维管理

图8-3 项目实施流程

（二）成本管控过程

施工深化设计 BIM 应用的操作流程如图 8-4 所示。

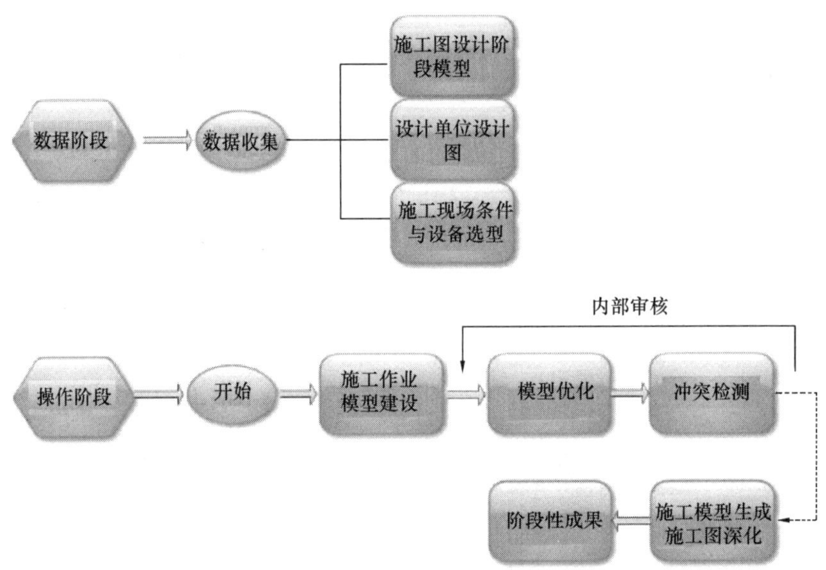

图 8-4　施工深化设计 BIM 应用的操作流程

1. 施工准备阶段 BIM 成本管控

通过建立施工图三维模型，对图纸跨专业错漏碰缺进行详细筛查，实现对空间和净高最大优化，提升图纸质量，减少后期变更；辅助施工单位统筹安排施工力量和施工现场，使工程具备开工和连续施工的基本条件；利用 BIM 模型模拟施工组织、人员疏散、交通组织、防灾应用、施工对周边建筑的影响等，合理统筹解决施工中可能会碰到的问题。

1）精细化建模

协同优化示意图如图 8-5 所示。

模型的准确与否直接关系到算量的精确性，由于目的、后续应用主体不同，设计模型的类别也不同，为了保证模型数据的可传递性与完整性，我们以专业建模软件为基础，建立统一的数据模板。根据业主所提供的项目施工图纸，对建筑构件等进行较细致化建模，在 BIM 模型中根据业主需求录入相关元素的信息，包括标高、尺寸、高度、材质、材料信息等，搭建高度集成的建筑信息模型，并按工期划分对模型进行拆分。通过建立集建筑结构工程、机电安装工程、室外管线工程、幕墙、精装修、智能化、景观等多专业于一体的 BIM 模型，形成一个综合模型，实现全域建模和统筹。细致化建模要求如表 8-1 所示。

建模内容精度要求　　　　**表 8-1**

序号	文件命名	需包含项目名称、项目阶段、模型类型等信息
1	精度和尺寸标注	模型应该包含各阶段模型需要的所有必要尺寸标注、索引
2	建模对象属性	针对需求输入所需要的对象属性

续表

序号	文件命名	需包含项目名称、项目阶段、模型类型等信息
3	建模内容	建筑、结构、水暖电、保温层、支吊架、考虑安装空间、维修操作空间、支吊架空间
4	建模详细程度	分地下、地上、室外、附属配套设施等阶段，各提交相应BIM模型成果，模型深度不低于LOD300
5	单位系统	公制

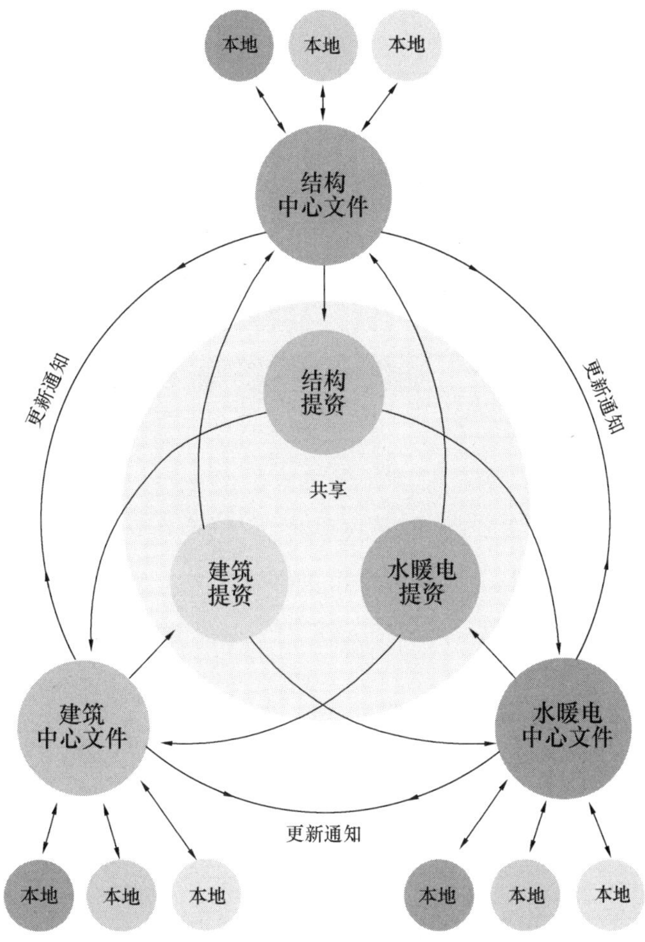

图8-5　协同优化图

2）管线综合与净高优化

机电管线的碰撞检查，通过BIM软件碰撞校核功能，借助程序化手段对管线安装过程中的空间问题进行全面的检测。自动检查各专业之间的设计打架的问题，完成建筑项目设计图纸范围内各种管线布设，以及管线与建筑、结构平面布置和竖向高程相协调的三维协同设计工作，确保管线布置方案切实可行，避免在施工阶段进行安装返工，降低风险和经济损失。基于各专业模型和优化机电管线排布方案，对建筑物最终的竖向设计空间进行检测分析，如医疗大厅、住院部大厅、各区域护士站、大堂、走廊等。在BIM模型里直接进行测量和设计调整，给出最优的净空高度，最大化提升净空高度，同时又不影响机电管线的排布，使得空间设计更为合理（图 8-6～图 8-8）。

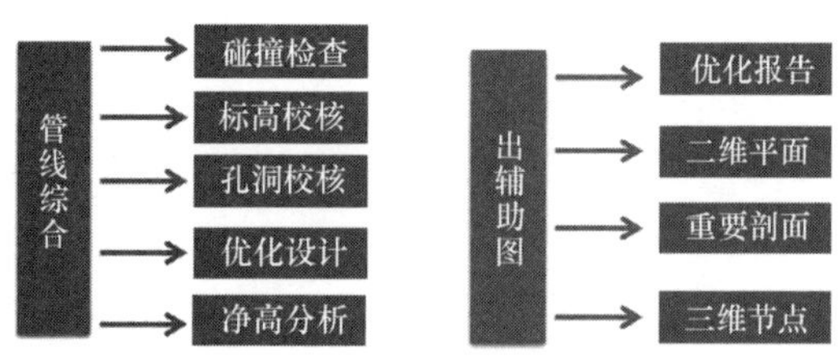

图 8-6　施工辅助出图流程

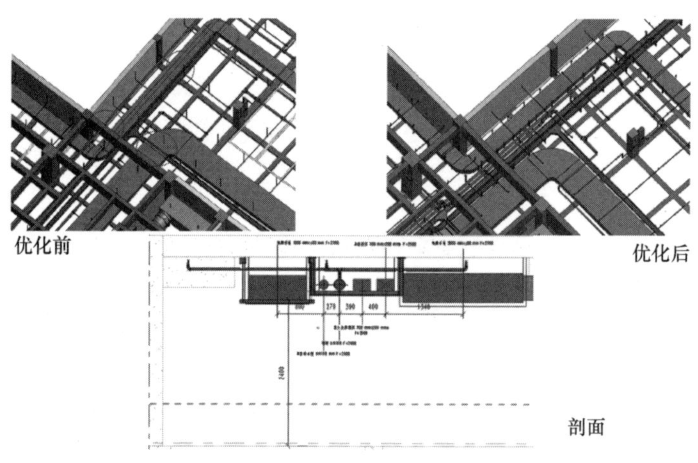

图 8-7　施工辅助出图

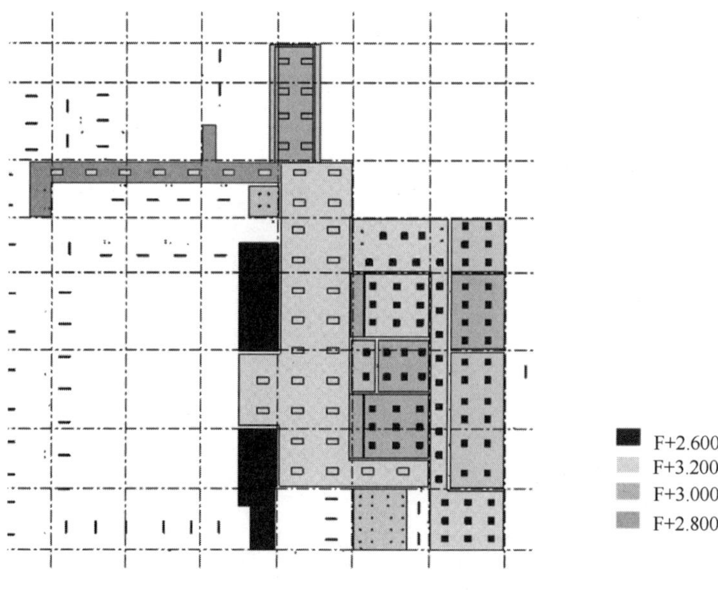

图 8-8　净高示意图

3）可视化交底

通过模型的整合和三维可视化，查看建筑和结构设计的关系是否统一，检查设计不合理之处。根据已经建设完成的 BIM 模型，编制设计校核报告、净高分析报告、管线综合方案提交给设计院与施工单位。通过 BIM 模型，快速地生成二维及三维辅助图纸，配合设计单位进行三维可视化技术交底。根据质量通病及控制点，重视对关键、复杂节点，预留预埋，隐蔽工程及其他重、难点项目的技术交底。利用 BIM 模型可视化、虚拟施工过程及动画漫游进行技术交底，使一线工人更直观了解复杂节点，有效提升质量相关人员的协调沟通效率（图 8-9）。

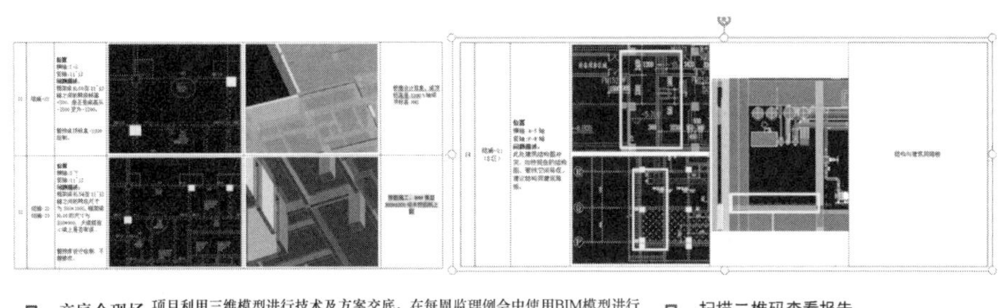

□ 交底会现场 项目利用三维模型进行技术及方案交底，在每周监理例会中使用BIM模型进行汇报；并在平时交流中以模型为载体进行沟通。 □ 扫描二维码查看报告

图 8-9　可视化交底

4）二次深化模型与信息关联

在设计模型的基础上，进行模型的二次深化，用于施工阶段应用。施工模型需要按照施工管理要求进行调整、匹配，并且与施工现场的信息关联。以施工进度计划为基础，对施工节点等细节进行二次完善（图 8-10）。

图 8-10　机房漫游

以墙体留洞为例，CAD图纸会预先留好机电管线的洞口位置，机电管线优化排布后，定为改变原先墙体留洞的位置，后期修补、堵洞会造成多家扯皮及高额费用。因此，在深化模型阶段，在BIM管综优化的基础上，及时确定留洞图，提交给土建施工。此外，模型进行墙体植筋、圈梁、隔梁的深化也能打破CAD图纸的局限性。排砖深化在CAD里也是极其麻烦的工作，利用Revit软件的优势，可以自定义图案和尺寸。做到精细管理，控制成本。

与仅考虑设计检查与施工需要的模型不同，成本管控所需的信息如材料价格、厂家、购买信息、工程量、进度信息、技术方案等与BIM模型关联，才能实现项目成本管控。这一阶段的工作量巨大，是成本管控的基础。

根据实际项目进度，确定项目的工作内容及特点，实施措施和实施步骤，对进度目标进行分析和确立。同时编制项目实施进度计划，编制年度、季度、月度工程计划。确立关键阶段的时间节点，对工程准备工作及各项BIM技术服务做出时间计划安排。

5）算量核查

模型建立后，按构件、材质不同分类提取工程量。以建模软件为基础，使用专门的转换工具，将BIM模型导入计量软件，提取工程量。由于本工程BIM介入的比较晚，BIM模型并未直接用于施工图预算。在建设单位和施工单位材料采集中，按模型提取的工程量与预算做对比，更精确地控制成本（表8-2）。

二标段地上部分土建量比对表 **表8-2**

物资名称	部位	单位	标号	预算量	BIM模型量	差值
矩形柱	现浇混凝土矩形柱、异形柱、圆形柱浇捣泵送商品混凝土	m^3	C60	1127.57	1097.73	−29.84
矩形柱	现浇混凝土矩形柱、异形柱、圆形柱浇捣泵送商品混凝土	m^3	C55	332.51	350.8	18.29
矩形柱	现浇混凝土矩形柱、异形柱、圆形柱浇捣泵送商品混凝土	m^3	C50	830.74	820.32	−10.42
矩形柱	现浇混凝土矩形柱、异形柱、圆形柱浇捣泵送商品混凝土	m^3	C40	694.93	702.81	7.88
矩形柱	现浇混凝土矩形柱、异形柱、圆形柱浇捣泵送商品混凝土	m^3	C35	328.39	325.2	−3.19
矩形柱	现浇混凝土矩形柱、异形柱、圆形柱浇捣泵送商品混凝土	m^3	C30	235.14	230.2	−4.94
构造柱	现浇混凝土构造柱浇捣非泵送商品混凝土	m^3	C25	1301.16	1260.36	−40.8
矩形梁	现浇混凝土单梁、连续梁、异形梁、弧形梁、吊车梁浇捣泵送商品混凝土	m^3	C30	7839.77	7940.89	−101.12
圈梁	现浇混凝土圈梁浇捣非泵送商品混凝土	m^3	C25	466.40	450.23	−16.17
圈梁	现浇混凝土防水反坎浇捣非泵送商品混凝土	m^3	C20	605.78	585.5	−20.28
过梁	现浇混凝土过梁浇捣非泵送商品混凝土	m^3	C25	64.12	63.2	−0.92
直形墙	现浇混凝土直形墙浇捣　厚10cm以上～泵送商品混凝土	m^3	C60	1723.99	1745.25	21.26
直形墙	现浇混凝土直形墙浇捣　厚10cm以上～泵送商品混凝土	m^3	C55	800.34	786.3	−14.04
直形墙	现浇混凝土直形墙浇捣　厚10cm以上～泵送商品混凝土	m^3	C50	1554.31	1550.3	−4.01
直形墙	现浇混凝土直形墙浇捣　厚10cm以上～泵送商品混凝土	m^3	C40	191.03	203.3	12.27
直形墙	现浇混凝土直形墙浇捣　厚10cm以上～泵送商品混凝土	m^3	C30	296.20	310.6	14.4
直形墙	C15细石混凝土挡墙	m^3	C15	9.75	9.6	−0.15
弧形墙	现浇泵送商品混凝土弧形墙浇捣厚10cm以上～泵送商品混凝土	m^3	C30	42.90	40.1	−2.8

6）场地布置优化设计

传统施工平面布置图以二维的方式展示，利用 BIM 可视化的优势，将单体与场地整合在一起，反映施工场地与周围建筑的关系，以施工进度计划为参照，随着工期进行模拟场布变化，组织人员疏散、交通组织、防灾应用等，提前解决各类问题，使现场平面布置满足变化需求，使资源配置更合理，避免浪费，节约成本（图 8-11、图 8-12）。

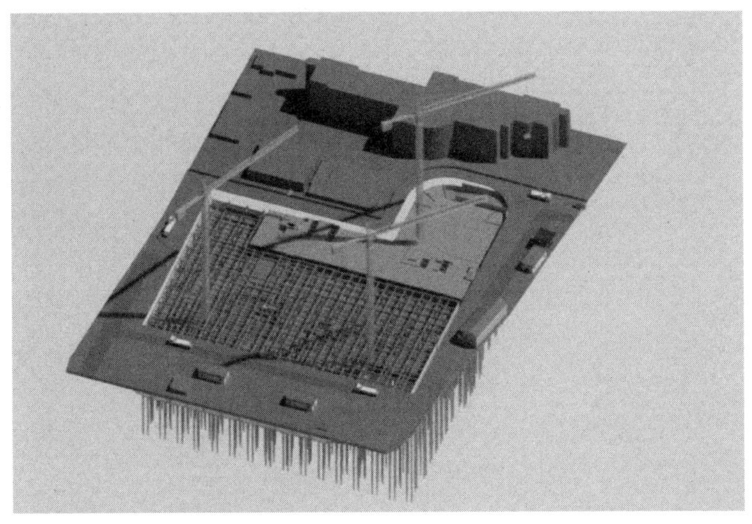

图 8-11　模型图

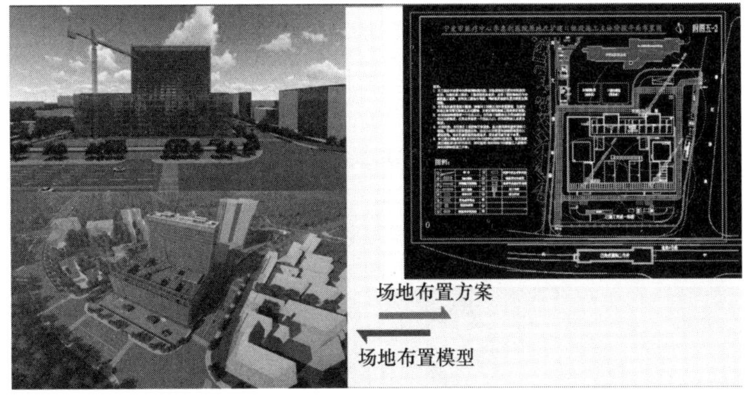

图 8-12　场地布置模型及方案

2. 施工阶段 BIM 成本管控

1）项目进度管理

施工信息包括工程量、劳动力资源、成本等工程数据，为了更好地控制施工进度和造价，在 3D 模型的基础上增加时间和造价的维度，实现 4D 模型。我们运用数据集成的方式，将 3D 模型导入系统，同时将相应的施工数据模型导入，从而更好地规划和管理项目施工，达到保证施工进度和控制造价的目的。

业主方提出需要以月为时间节点，随时浏览工程进度，这正是项目进度管理的要求。进度信息与 BIM 模型关联后，可直观清晰地确定整个工程的节点，使进度估算和计划变

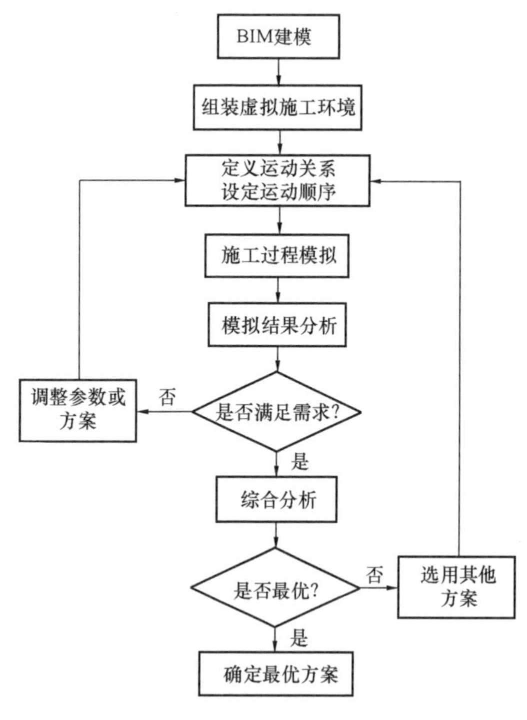

图 8-13　BIM 流程图

得更合理可行，同时可进行 4D 施工模拟，施工模拟技术是按照施工计划对项目施工全过程进行计算机模拟，实现施工模拟的过程就是将 project 施工计划书、Revit 三维模型与 Navisworks 施工动态模拟软件加以时间（时间节点）、空间（运动轨迹）及构件属性信息（材料费、人工费等）相结合的过程（图 8-13）。

在模拟过程中暴露的很多问题，如结构设计、安全措施、场地布局等各种不合理问题，这些问题都会影响实际进度，早发现早解决，并作相应的修改，达到缩短工期的目的。如混凝土构建的虚拟拼装，预制构件制作完毕后，真实数据反馈到模型中，进行模拟拼装，提高安装精度，如果不符合实际要求，要进行返厂重加工。从而避免实际安装中的返工，导致进度延迟，材料浪费。

这一工作中，成本控制的主要内容集中在项目实际施工进度与计划进度的对比偏差，从而计算出实际成本和计划成本的偏差。通过 BIM 技术和激光扫描技术的结合，可以协助业主全面掌握工程的进度情况和施工的精度。在项目实施过程中，以月为单位扫描站点，获取的点云模型，同 BIM 模型进行精度和进度分析比对，直观反应进度偏差情况和质量，并及时提交对比报告。指导建设单位合理调整工期，并使 BIM 模型与现场实际施工保持同步、一致（图 8-14）。

图 8-14　BIM 模型

2）变更管理与模型维护

施工过程中会产生联系单、临时变更、施工会议记录等，或多或少会影响成本的变更，也会影响最终的竣工结算。在本项目中，利用BIM模型信息化的特征，将变更单等资料集成在系统中，与对应的模型构件关联。同时，变更的结果，及时反应在模型中。从而快速计算变更工作量，准确确定变更费用，有序管理造价变更（图8-15）。

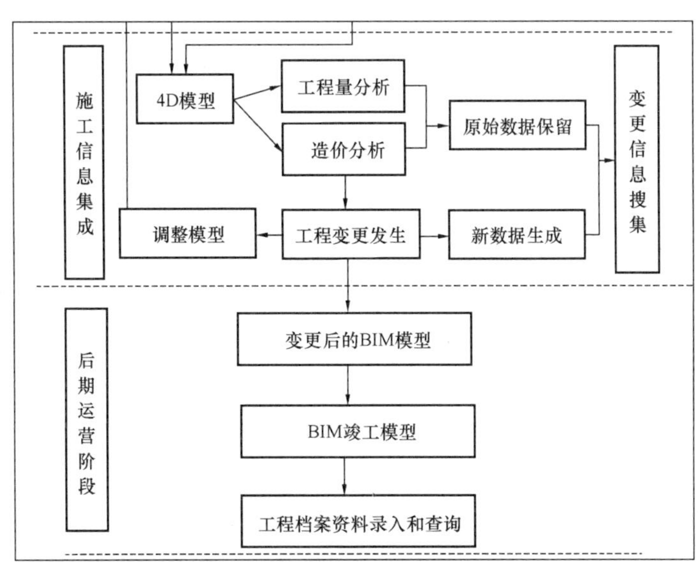

图8-15　施工信息集成及后期运营阶段

随着今后工程的推进，设备与机电管线安装进场后，逐步增加机电设备的属性信息，直到竣工交付阶段，能够提供满足本项目甲方的最终交付要求并为后续的运维做准备的BIM模型。

3）动态成本分析

在施工过程中，通过实地测量、跟踪记录、三维扫描等手段，记录实际的消耗量，利用模型快速提取工程量信息，与实物量做对比，进入造价计算软件后，得出实际成本，与预算成本、计划成本做对比，及时采取有效措施纠偏，避免项目投资失败，并以周、月、季等为单位，生成报表，为项目成本管理提供数据支撑。

4）按阶段结算

传统的工程结算以各种变更、竣工图等计算工程量，从而得出工程款，耗费大量人力。利用BIM技术，不仅可以快速计算出工程量，还能精确计算出某一阶段工程量，加快了支付进度，节省人力，提高管理效率。

3. 成本管控方法

BIM技术在本项目的运用过程中，我们主要通过以下三个方法，达到成本管控的目的。

1）利用BIM技术减少变更

BIM的可视化与可模拟性，决定了在项目实际施工前就能发现传统二维图纸无法发现的问题，也能排查实际施工过程中的风险因素，在早期解决问题，避免返工和浪费。从源头上解决问题，在这一方面，BIM具备其他成本管控方式无法比拟的优越性。

2）BIM 的进度与变更管理

在施工阶段，施工 BIM 模型可以记录各种信息变更，并通过模型记录变更版本，为审批变更和计算变更工程量提供基础数据。跟踪具体变更情况，模型与进度、图纸、清单按照属性相关联，实时更新，工程量自动计算及各维度的工程量汇总，可快速获得对应费用。结合施工进度数据，按施工进度提取工程量，为工程造价过程进度款支付申请提供工程量数据。

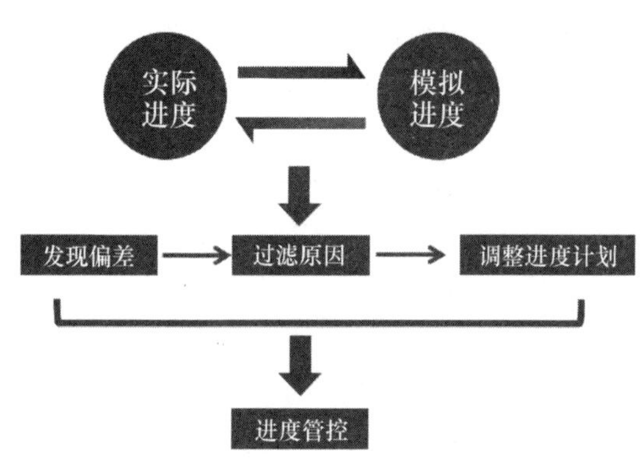

图 8-16　进度管控

进度计划的核心是现场施工作业计划（总进度计划、二级进度计划、周进度计划、日常工作计划），利用 BIM 技术的可视化与集成化，在 BIM 进度管理系统中可在进度视图中直接对工作进行模拟仿真，更形象地展示工作进展（图 8-16）。

3）利用 BIM 技术进行成本分析

因 BIM 的可出图性，通过模型工程量、分包量与合同价格的对应，实现项目实际成本和预算的快核算，在此承办核算的基础上，BIM 系统可按时间对比分析整个项目的成本情况，为项目成功控制提供数据支撑。并形成图表的形式，更有效进行成本管控。以图 8-17 为例，通过 BIM 建模统计混凝土量，与预算量进行对比。随着项目进度的推进，统计量随着模型的变更而变更。

B_结构柱明细表

柱类型	长（毫米）	体积（立方米）	柱根数		
HW-L形柱：1F-YBZ1-L形-C60	9400	7.87	2	C60	1097.73
HW-L形柱：1F-YBZ1-L形-C60 2	16300	13.64	3		
HW-L形柱：1F-YBZ3-L形-C60	5650	4.73	1		
HW-L形柱：1F-YBZ12-0-L形-C60	16300	4.69	3		
HW-L形柱：1F-YBZ12-L形-C60	10650	3.07	2		
HW-L形柱：1F-YBZ13-L形-C60	16300	3.29	3		
HW-L形柱：1F-YBZ13-L形-C60 1	5650	1.14	1		
HW-L形柱：1F-YBZ25-L形-C60	5000	1.17	1		
HW-L形柱：1F-YBZ28-L形-C60	5000	2.81	1		
HW-L形柱：1F-YBZ29-L形-C60	5000	2.81	1		
HW-L形柱：1F-YBZ30-L形-C60	5650	1.94	1		
HW-L形柱：2F-YBZ1-C60	4500	3.77	1		
HW-L形柱：2F-YBZ1-C60 1	13500	11.3	3		
HW-L形柱：2F-YBZ3-L形-C60	4500	4.72	1		
HW-L形柱：2F-YBZ12-0-L形-C60	13500	3.89	3		
HW-L形柱：2F-YBZ12-L形-C60	9000	2.59	2		
HW-L形柱：2F-YBZ13-L形-C60	13500	2.72	3		
HW-L形柱：2F-YBZ13-L形-C60 1	4500	0.91	1		
HW-L形柱：2F-YBZ13-L形-C60 2	4500	0.91	1		
HW-L形柱：2F-YBZ23-L形-C60	4500	1.05	1		
HW-L形柱：2F-YBZ27-L形-C60	4500	2.53	1		
HW-L形柱：2F-YBZ28-L形-C60	4500	2.53	1		
HW-L形柱：2F-YBZ29-L形-C60	4500	1.54	1		
HW-L形柱：3F-YBZ1-L形-1-C60	13500	11.3	3		
HW-L形柱：3F-YBZ3-L形-C60	4500	3.77	1		
HW-L形柱：3F-YBZ12-0-L形-C60	13500	3.89	3		
HW-L形柱：3F-YBZ12-L形-C60	9000	2.59	2		
HW-L形柱：3F-YBZ13-L形-C60	13500	2.72	3		
HW-L形柱：3F-YBZ13-L形-C60 1	4500	0.91	1		
HW-L形柱：3F-YBZ13-L形-C60 2	4500	0.91	1		
HW-L形柱：3F-YBZ23-L形-C60	4500	1.05	1		
HW-L形柱：3F-YBZ26-L形-C60	4500	2.53	1		
HW-L形柱：3F-YBZ27-L形-C60	4500	2.53	1		
HW-L形柱：3F-YBZ28-L形-C60	4500	1.54	1		
HW-L形柱：4F-GBZ5-C60-L形	4500	1.8	1		
HW-L形柱：4F-GBZ6-C60-L形	4500	2.93	1		
HW-L形柱：4F-GBZ7-C60-L形 2	4500	2.12	1		
HW-L形柱：4F-GBZ10-0-C60-L形	9000	2.59	2		
HW-L形柱：4F-GBZ10-C60-L形	13500	3.89	3		
HW-L形柱：4F-GBZ11-C60-L形	22500	4.54	5		

图 8-17　BIM 软件导出的混凝土数量表单

五、经验总结和展望

我公司代建管理的部分项目已经在运用 BIM 进行辅助管理。将 BIM 技术与工程项目管理工作更好地结合起来，在项目管理过程中利用 BIM 发现问题，解决问题，在早期设计阶段就发现后期真正施工阶段所会出现的各种问题，提前处理，避免返工浪费，为后期活动打下坚固的基础。在后期施工时能作为施工的实际指导，也能作为可行性指导，以提供合理的施工方案及人员、材料使用的合理配置，从而在最大范围内实现资源合理运用，有效提高了成本核算和成本分析的工作效率。

然而 BIM 市场还未成熟，展望未来，还需要健全 BIM 制度，实现 BIM 应用的标准化与规范化，目前应有相应的规范出台，但是没有验收标准；培养专业 BIM 人员，提高公司整体 BIM 团队水平；普及 BIM 技术应用点，加快 BIM 技术的运用与发展，使项目降本增效；积极研发与应用项目管理平台，促进建筑企业尽早实现信息化管理。

项目组成员：
徐任远　浙江育才工程项目管理咨询有限公司总经理
胡霞滨　浙江育才工程项目管理咨询有限公司注册造价工程师
徐思敏　浙江育才工程项目管理咨询有限公司 BIM 中心主任
郑倩芳　浙江育才工程项目管理咨询有限公司 BIM 工程师
竺　磊　浙江育才工程项目管理咨询有限公司 BIM 工程师
陈海翔　浙江育才工程项目管理咨询有限公司 BIM 工程师

单位简介：

浙江育才工程项目管理咨询有限公司（原名宁波教育实业集团育才建设开发有限公司）创建于 1993 年 2 月，注册资金 5000 万元，具有房地产二级开发资质、房屋建筑工程和市政公用监理甲级资质、人防监理乙级资质。是一家专业从事建筑服务的综合性工程项目管理咨询品牌企业，是宁波市政府首批批准的具有项目代建资格的公司。为客户提供工程全过程或分阶段式管理咨询服务。

【案例9】BIM成本管控在装配式建筑项目中的应用

——以河南省直青年人才公寓项目为例

李 静 豆慧杰 崔帅兵 郭振博

公正工程管理咨询有限公司 河南 郑州 450000

摘 要：国家大力推广装配式建筑，装配式建筑的发展已上升到国家战略层面。装配式建筑的前置性管理要求建设程序的各个环节之间无缝对接且上下环节之间利益重新分配，传统建筑管理模式下的各自为政、各管一块的碎片化模式已不能适应装配式建筑的管理需求。现阶段装配式建筑体系相比传统的现浇体系建筑的成本是增加的。本文围绕河南省直人才公寓永盛苑项目展开基于BIM技术进行成本管控的叙述，项目的成本管控难度非常大，非常有必要引入BIM技术。BIM技术的三维可视、协调性、模拟性、优化性、输出性等优势，与装配式的集成性、质量精度要求高、管理前置性强、容错度低等特点高度融合。采用BIM技术可实现装配式建筑项目管理的全过程协同、全生命周期管理，从优化设计、减少碰撞、精准加工、构件预安装、精准统计、优化流程、高效安装、高效协同等各方面降低装配式建筑的成本。

关键词：BIM模型；施工模拟；BIM协同管理平台

一、项目背景描述及BIM应用简述

（一）项目背景描述

实现高质量发展，人才支撑是重要保障。河南省人力资源丰富，但人才总量、人才层级与创新创业的要求还不适应，特别是高层次人才短缺问题突出。我省启动了青年人才公寓建设工作，为青年人才“引得进、留得下、干得好”创造环境。省政府把青年人才公寓建设列为重点民生实事之一。省直青年人才公寓项目业主为河南省豫资青年人才公寓置业有限公司，建设资金来自政府投资，坚持高起点规划、高标准建设，采用装配式建筑。

中央层面持续出台相关政策推进建筑业改革，大力推广装配式建筑，装配式建筑的发展已上升到国家战略层面。我国已经有30多个省市地区就装配式建筑的发展制定了相关的政策和指导意见。河南省出台《关于支持建筑业转型发展的十条意见》的第一条就提出支持装配式建筑发展，为了落实这一政策，出台了具体相关条例。装配式建筑是以技术集成、管理集成为一体的建造方式，在设计、生产、施工等全过程均有其独特性，前置性管理要求建设程序的各个环节之间无缝对接且上下环节之间利益重新分配，传统建筑管理模式下的各自为政、各管一块的碎片化模式已不能适应装配式建筑的管理需求。当前装配式市场一致的反馈信息是成本增加。现阶段装配式建筑体系相比传统的现浇体系建筑的成本是增加的，增量成本不仅体现在建安成本上，还体现在使用装配式体系引起的工期延长而增加的财务成本上。装配式建筑在构件设计、生产、运输、堆放、吊装和运营等各环节中都可能会遇到问题，其中出现任何一个纰漏，都会影响工期和成本。而BIM的信息化技术恰恰能够为装配式的问题提供很好的解决手段。BIM技术的应用为装配式建筑的设计、制作和安装带来了很大的便利，直接解决各参建单位、各环节之间的协同性问题，避免或减少“撞车”、疏漏现象。将BIM和装配式相结合，既解决了装配式的问题，也促进了BIM自身的发展，两者相辅相成、互相促进。

（二）项目简介

项目位于郑州市文化创意产业园LB09-07地块，是由金水大道南辅道、牡丹五街、牡丹六街和富贵四路围合的地块，总建筑面积约为195452.92m²，共计1430户。建设内容包含住宅、商业、幼儿园、地下车库及配套公共服务用房。业主为河南省豫资青年人才公寓置业有限公司，建设资金来自政府投资，采用装配式建筑。项目采用设计施工EPC总承包，甲方在招标文件和合同条款对BIM技术有明确的要求。我方作为BIM咨询单位服务于EPC总承包单位。

（三）项目成本管控上的难度

本项目成本管控难度大，主要体现在以下几点：

（1）该项目在设计施工EPC总承包时，政府采用最高投标限价，要求施工图限额为经批复的初步设计概算，不得超过概算。在项目运作的过程中一旦某个环节出问题都有可能引起成本失控，导致项目亏损。

（2）目前装配式项目的市场有待进一步培育，产业链条资源配备不均衡，河南省目前处于政府项目示范省，设计体系、精细化管理、高效施工、关键技术等尚不成熟，导致成本失控的风险大。

（3）技术难度大：本工程装配率达到50％以上；住宅楼4层及以上采用装配式结构，主楼预制构件类型包括夹心保温外墙、叠合楼板、楼梯、阳台、凸窗等；装配率包含3项：全装修、预制内隔墙、集成式卫生间；其他包含3项工业技术：结构与保温一体化、组合成型钢筋制品、定型铝模板。项目施工难度大，过程管理困难，对项目管理提出了挑战。

（4）工期较紧张：本工程主楼地下3层，地下建筑面积约为6.2万m²，工程体量大，地上共30层，其中4～30层为装配式，本工程投标阶段承诺工期1005天，根据2018年7月19日河南省省直单位青年人才公寓建设工作领导小组会议纪要要求实际工期仅540天，如何实现完美履行是本项目管理的重点。因此对各种资源的供应和调度，包括如何在业主要求的工期内，协调管理专业分包，及时提供施工条件等，都提出了很高的要求。

（5）设计与施工的配合难度大：本项目为EPC＋装配式施工，我方集团公司和湖南远大工程设计院有限公司均需在原有初步设计基础，进行施工图设计，对初步设计理解存在分歧，沟通协调量大，对总承包单位管理提出了挑战。

（6）施工现场管控难度大：本工程场地狭小，特别是地下结构施工阶段临边场地狭小；紫寰路东侧有高压线，距项目约5m，应考虑其影响；本工程东西向长约280米，南北向长约175米，材料倒运量较大；吊装量大，临边、洞口、高处作业和深基坑等危险源多，且高峰期施工人员多，在复杂施工现场确保安全施工是管理的重点。

（7）项目高标准高要求：本项目在质量、安全、绿色、科技等方面均要求高标准，其中质量管理目标，确保“中州杯”“省优质结构”，争创“鲁班奖”；安全管理目标：确保“河南省安全文明工地”称号；绿色施工目标：确保“河南省建筑业绿色施工示范工程”，争创“全国建筑业绿色施工示范工程”；科技管理目标：争创“河南省建筑业新技术应用示范工程”。

二、运用 BIM 技术对项目成本进行有效的管控

通过上一节的分析可以看出，本项目的成本管控难度非常大，非常有必要引入 BIM 技术。BIM 技术的三维可视、协调性、模拟性、优化性、输出性等优势，与装配式的集成性、质量精度要求高、管理前置性强、容错度低等特点高度融合。采用 BIM 技术可实现装配式建筑项目管理的全过程协同、全生命周期管理，从优化设计、减少碰撞、精准加工、构件预安装、精准统计、优化流程、高效安装、高效协同等各方面降低装配式建筑的成本。下面详细介绍本项目在 BIM 上的应用及带来的成本管控优势。

（一）BIM 技术应用

1. 人员架构及各部门的 BIM 职责

针对此项目，我司指派出专门的 BIM 团队，该团队主要有两部分人员组成：三维建模团队和 BIM 应用团队（图 9-1）。三维建模团队负责建立各专业的模型，并进行碰撞检查、管线综合、模型深化、三维场布、模型出图、漫游动画、施工模拟等的制作工作；BIM 应用团队将利用模型、动画、模拟视频、图册等协助施工单位进行技术交底，同时利用 BIM 协同平台协助各部门以及其他参建单位进行成本、进度、质量、安全、物资、资金的精细化管理，为项目提供最优的服务（表 9-1）。

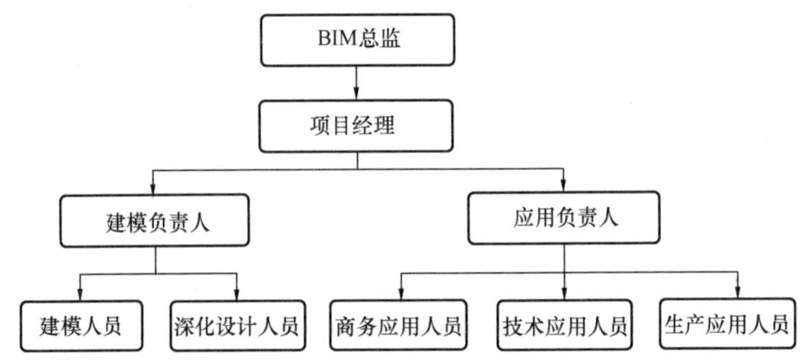

图 9-1　人员组织架构图及组织架构职责

各部门 BIM 组织架构及职责　　**表 9-1**

团队角色	适合人选	责任
项目总监	企业领导	监督、检查项目执行进展；负责项目资源调配和审批工作
BIM 项目经理	BIM 项目经理	（1）负责项目的执行和具体操作统筹、实施方案的制定； （2）负责项目进度的把控，项目调研和 BIM 工作落地； （3）负责实施 BIM 各参与方的工作协调
建模人员	土建建模员	负责提供并确认各专业 BIM 模型建立、维护、共享、管理相关的施工图纸、图纸设计变更、签证单、技术核定单等
	钢筋建模员	
	安装建模员	

续表

团队角色	适合人选	责任
技术应用	安装应用工程师	(1) 三维管线排布和碰撞检查； (2) PC预埋预留校核； (3) 竖向净高优化
	土建应用工程师	(1) 施工方案模拟与优化； (2) 施工计划模拟与优化； (3) 构建5D信息管控模型； (4) BIM模型深化； (5) 虚拟仿真漫游； (6) 施工现场规划布局
商务应用	土建应用工程师	(1) 提取工程量； (2) 多算对比； (3) 现金流测算和风险评估； (4) 施工资源确认
生产应用	BIM驻场人员	(1) PC工厂生产进度与施工现场协同； (2) 利用移动端及时将现场的质量、安全等问题拍照上传至BIM模型，并及时将现场情况反馈给业主，确保及时更正； (3) 基于BIM平台协调施工现场多方、多维协同； (4) 将施工实际进度反馈到BIM系统

我方是服务于EPC设计施工总承包公司的，BIM的模型及相关应用不应该只是在BIM部门的电脑里，而应该是项目的各个部门都要参与进来，利用BIM的成果为项目服务。各部门的BIM工作及责任如表9-2所示。

各部门BIM工作及责任 **表9-2**

主要岗位/部门	BIM工作及责任
项目经理	监督、检查项目执行进展
项目总工	全面负责BIM技术工作，制定BIM培训方案并负责内部培训考核、评审
测量工程师	采集及复核测量数据
技术质量部	利用BIM模型优化施工方案、交底
技术质量部	运用BIM技术配合展开各专业深化设计，进行碰撞检测并充分沟通、解决、记录图纸及变更管理
工程部	利用BIM模型优化资源配置、组织交底施工
机电工程管理部	优化机电专业工序穿插及配合
商务合约部	利用BIM技术对内和对外的商务管控、成本控制、物资控制
物资部	利用BIM技术进行物资管理，审核材料计划
安全环境部	通过BIM可视化展开安全教育、危险源识别及预防预控，指定针对性应急措施
技术质量部	通过BIM进行质量检查、数据采集，优化检验批划分、验收与交接计划

2. 工作流程制定

为了让BIM的优势得到有效发挥，传统的工作流程需要加以改变，以适应新的工作模式。在项目初期制定了本项目各个阶段的工作流程：

（1）设计阶段工作流程（图9-2）

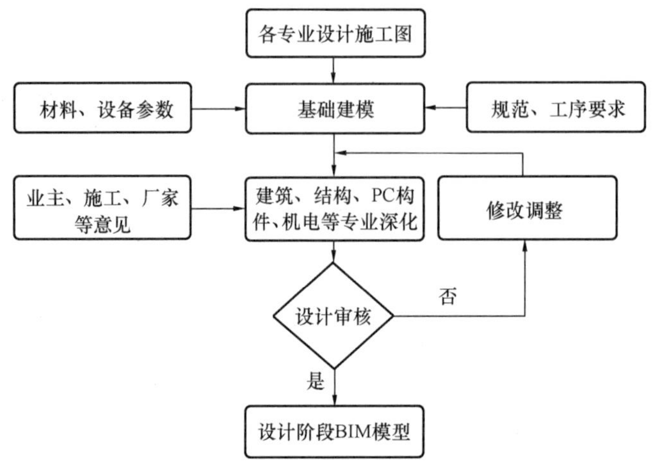

图9-2　设计阶段工作流程

（2）施工阶段工作流程（图9-3）

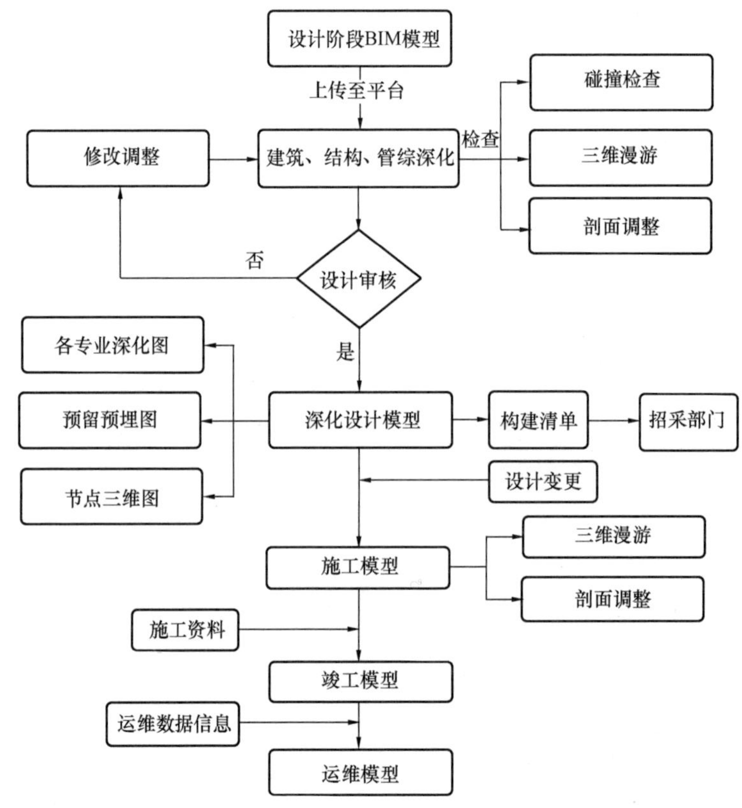

图9-3　施工阶段工作流程

3. BIM模型内容、精度及管理流程

项目上BIM应用的基础是模型，建模的精度依据具体的应用确定。一方面避免模型达不到应用的精度，甚至模型建错，严重影响了BIM的应用；另一方面也要避免过度建模，只追求高精度、高细度的模型，结果大大增加了人员和时间成本。因此本项目依据项目应用提出建模内容及精度如表9-3所示。

建模内容及精度　　表9-3

序号	项目		建模内容及精度
1	结构工程	混凝土结构	各种混凝土结构构件（包括基础底板、设备基础、柱、板、梁、墙、楼梯坡道等）的混凝土强度等级、截面尺寸、标高、平面位置、预留洞口位置及标高
		PC构件	施工模拟（根据项目施工组织计划方案，对预制构件的安装进行动态虚拟仿真模拟，优化施工工序，实现可视化交底）；施工综合管控（将施工现场的质量检查信息、进度状况等数据反映到建筑信息模型中，实现三维可视化施工管理）；运输吊装策划
		砌体结构	二次结构墙体（包括构造柱、导墙、过梁等）截面尺寸、墙厚、门洞尺寸及定位、机电预留洞尺寸及定位
2	建筑工程	室内装饰	每个房间的墙柱面、地面、顶面建筑做法，建筑做法中的基层及面层（包括龙骨、基层、找坡、找平、防水、保温、面层等）材料种类、厚度、节点、排版效果
		门窗	防护门、防火卷帘、人防门等尺寸、位置、材料、五金件，并将门窗表与模型进行关联
		屋面	屋面建筑做法（包括基层、找坡、找平、防水、保温、面层等）材料种类厚度、节点，显示屋面的排水坡度
3	机电工程		（1）对机电全专业（包括空调、采暖、给排水、雨水、消防、强电、弱电燃气等）进行建模。 （2）给排水系统包括各子系统（包括生活给水、绿化给水、生活污水、废水雨水、中水给水、中水回水等）各种材质、各种规格的管道，与各子系统管道连接且系统相对应的管件，各子系统管道相连接的且系统相对应的管道附件，管道上应有的仪表，管道所属系统的卫浴装置，给水及排水系统中的主要设备。 （3）消防系统包括各子系统（消防栓、消防喷淋、大空间灭火、气体灭火、火灾报警等）各种材质、规格的管道，与各子系统管道连接且系统相对应的管件管路附件，消火栓、喷淋、灭火器，线槽、桥架、控制箱及气体灭火控制器，烟感探测器、温感探测器、可燃气体探测器、声光报警器楼层显示器、火灾警铃、消防电话等，消防联动柜、消防电话主机、主机电源UPS。 （4）暖通系统包括各子系统（空调通风系统、消防排烟系统、循环冷却水系统、冷凝水系统）各种风管，各种风管管件，各规格的阀门消声器等管道附件，各规格的风管末端，消防排烟及空调通风系统下的设备，管道上的仪表，各种空调设备及水箱。 （5）电气系统包括各子系统（电气系统包括低压配电系统、柴油发电机系统、动力配电系统、照明配电系统、应急照明系统、消防报警及广播系统、弱电系统）配电箱、配电柜、开关箱等配电柜装置，线槽、桥架，各类灯具、开关、插座、按钮，发电机组、变压器、自投装置等设备、消声器、油箱、散热器、集中连闪控制器
4	园林		建筑小品、水景、花坛、场坪绿化

BIM模型不是一成不变的，随着项目的深入，经过管线综合、碰撞检测、重点区域净空分析、结构预留洞校核、精装点位布置、PC构件节点模拟等深化设计后形成BIM深

化模拟，再在施工阶段加入施工信息，对模型加以调整形成 BIM 竣工模型进行交付(图 9-4)。

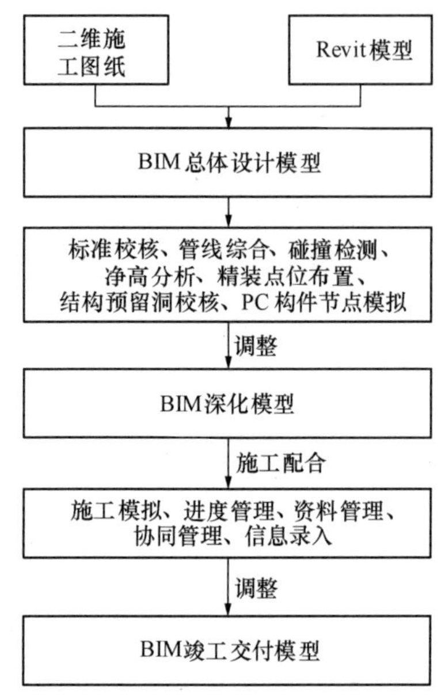

图 9-4　BIM 模型管理流程

4. BIM 各阶段服务内容及工作

BIM 各阶段服务内容及工作如表 9-4 所示。

BIM 各阶段服务内容及工作　　　　**表 9-4**

序号	阶段	服务项目		服务内容详细	成果报告
1	BIM 实施准备	1.1	BIM 实施方案策划	项目调研、需求分析、实施动员，实施方案设计	《BIM 应用实施导则》
2	设计阶段	2.1	BIM 建模(土建、机电专业)	利用软件建立 BIM 模型检查并复核 BIM 模型准确性	《土建建模成果报告》 《机电建模成果报告》
		2.2	基于 BIM 的性能化分析	进行疏散与逃生模拟分析，建筑风环境模拟分析、建筑热环境模拟分析、日照与遮挡模拟分析	《BIM 性能化分析报告》
		2.3	设计图纸问题发现	建立 BIM 模型，检查设计图纸缺陷	《图纸问题报告》
		2.4	指标分析	快速获得结构工程量，协助设计人员自查、主动控制	《指标分析报告》
		2.5	碰撞检查(设计阶段)	查找模型内各专业所有冲突点，基于图纸碰撞问题，提供图纸优化调整建议	《碰撞检查报告》 《优化建议方案》
		2.6	结构净高检查	检查结构高度不满足要求的部位	《结构净高检查报告》

续表

序号	阶段	服务项目		服务内容详细	成果报告
3	建造施工	3.1	BIM模型维护	BIM模型维护(设计变更等)	
		3.2	BIM标准执行控制	各参建单位标准执行监督检查	《BIM标准执行监督报告》
		3.3	参建单位BIM协调	各参建单位BIM应用培训，审核各参建单位BIM应用成果，组织BIM协调会议并落实会议内容	《BIM数据标准》 《BIM建模标准》 《BIM应用标准》
		3.4	碰撞检查及漫游(施工)	检测各专业碰撞，出碰撞报告	《碰撞检查报告》
		3.5	施工进度模拟	项目进度计划与BIM配对，计划和实际时间数据，任务时间节点提醒	《进度计划关联模型》
		3.6	工程图片数据服务	利用BIM平台进行工程质量、安全、施工等管理	《现场质量安全问题跟踪报告》 《临边维护报告》
		3.7	工程资料数据库建立	在BIM中建立工程资料档案	《资料归档整理报告》
		3.8	安装：管线综合	协助安装管线综合，辅助复杂区域方案优化，建立全尺寸设备三维模型	《管线综合报告》 《重点区域设备布置方案》 《重点区域平剖面图报告》
		3.9	总包BIM支撑	施工区域划分、提供实际施工量，根据施工方案调整模型(进度施工段、措施等)	
		3.10	机电净高检查	结合深化设计、检测净空高度，对不合理的空间，提出修改意见	《机电净高分析报告》
			现场服务	数据分析、BIM应用指导，项目管理现场支持知识传递	
4	竣工交付	4.1	BIM竣工模型	建立富含大量运维所需数据和资料的BIM模型，实现BIM竣工模型的信息与实际建筑物信息一致	竣工模型
5	虚拟仿真	5.1	动画制作	动画脚本制作，施工方案虚拟，BIM模型渲染加工	《虚拟建造视频》
		5.2	项目整体虚拟仿真	通过虚拟仿真提前可视化建筑各角度、周边环境等	《虚拟仿真系统》
		5.3	精装修虚拟仿真	做成虚拟实景，作为网络营销辅助和重要汇报演示的展示系统	《虚拟仿真系统》

续表

序号	阶段	服务项目		服务内容详细	成果报告
6	运维阶段	6.1	BIM 运维整理模型	在竣工模型基础上整理修改成维护使用模型	维护模型
		6.2	应用培训	BIM 运维模型在运维阶段应用培训	《BIM 应用培训报告》

5. BIM 应用保证措施

BIM 应用保证措施如表 9-5 所示。

BIM 应用保证措施 **表 9-5**

序号	项目	保证措施	备注
1	硬件保证措施	为充分保障 BIM 技术所需软件的正常运行，使用的计算机硬件平台为 ThinkPad W541 移动工作站，并要求各分包商计算机硬件平台不低于该配置	
2	软件保证措施	运用最新版本 BIM 应用主体软件，项目部部分管理人员接受 BIM 培训，学习 BIM 建模能力，满足工程建模需求	
3	组织保证措施	(1) BIM 领导小组成员必须参加每周的工程例会和设计协调会，及时了解设计和工程进展状况。 (2) BIM 领导小组成员，每周一召开协调会，建设单位或项目管理公司参加 BIM 协调会，确定工作流程。由 BIM 工作组组长汇报工作进展情况，包括遇到的困难以及需要联合解决的问题。及时对问题给予处理和解决。 (3) BIM 工作组内部每周召开一次碰头会，针对本周工作情况和遇到的问题，制定下周工作计划	
4	质量保证措施	定期检查 BIM 建模情况，发现问题及时纠偏；严格按照建模要求、命名标准建模精度要求进行建模，确保模型可有效指导施工	
5	技术保证措施	内部技术支持： (1) 族库支持 依托公司 BIM 族库管理系统为现场 BIM 小组建立、维护 BIM 工作提供支持，保证现场 BIM 小组的工作质量和速度。 (2) 二次开发 开发建模工具集、工程量管理、参数建模等模块，共享 BIM 族库管理系统。 (3) 外部支持 积极组织或参与社会或行业协会组织的 BIM 技术交流和学习工作，紧跟 BIM 发展方向，促进项目 BIM 技术应用质量	

(二) BIM 在成本管控上的应用分析

本节主要针对项目的 BIM 技术应用在成本管控上有益价值进行分析。

1. 基于 BIM 的性能化分析

省直青年人才公寓项目坚持高起点规划、高标准建设，省政府将其列为重点民生实事之一。其政治高度决定了我们在设计阶段就要充分考虑入住的舒适度和安全性，为青年人才“引得进、留得下、干得好”创造环境。因此，本项目在设计阶段运用BIM技术进行了疏散与逃生模拟分析、建筑风环境模拟分析、建筑热环境模拟分析、日照与遮挡模拟分析，分析方案中不合理的地方，并加以优化，提升居住的舒适性和安全性，并降低建筑运行能耗。

传统常规设计也会从二维角度进行分析，但它只包含分析结果的部分信息。而本项目的基于BIM性能化分析，方便绿色建筑师与非专业业主及其他参与方全方位考虑，能全面了解绿色建筑前期分析的内容，方便做出决策。本项目分析总体来说分三步进行：第一，按照绿色建筑对节约用地与外环境指标的控制要点梳理相关生态数据，以场地所在区域为准，尽量做到数据收集的完备性；第二，对生态数据归纳并整理成分析软件分析所需参数，输入到BIM技术相关分析软件得出对应的成果；第三，如果发现原方案有不合理的地方，及时反馈设计，加以调整。

2. 查找图纸问题，设计优化

本项目BIM实施首先在建模的过程中发现图纸问题，等模型建完后，再进行专业之间的碰撞检查（图9-5）。这样不仅能实现建筑与结构、结构与机电安装及设备等不同专业图纸之间的碰撞，比如说地库与主楼之间、建筑与结构之间、人防与非人防图纸之间这些常规最容易出问题的地方，同时也加快各专业管理人员对图纸问题的解决效率，及时反馈给设计单位，避免了后期因为图纸问题带来的停工以及返工，保证工期，极大地降低了最后结算额超概算的风险，对成本进行了有效管控。

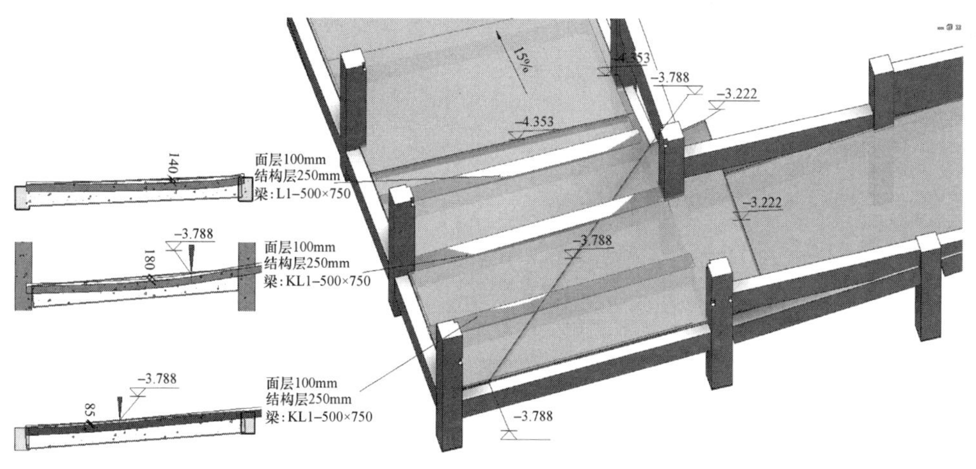

图9-5　坡道问题展示

3. 管线综合排布

（1）三维可视化精确定位：模型均按真实尺度建模，将传统表达中省略的部分（如管道保温层等）予以展现，从而将一些看上去没问题，而实际上却存在的深层次问题暴露出来。在三维可视化条件下进行管线综合排布，可使建筑各个构件的空间位置都能够准确定位和再现。通过BIM数据的共享，设备、电气工程师等能够在建筑空间内合理布置设备和管线位置，以降低现场返工率，并提高现场安装效率（图9-6）。

（2）管线综合、成本管控：利用BIM技术，合并各专业BIM模型。在进行管综之前，我们会和施工单位的机电工程师沟通管综方案的原则，然后进行管线的综合排布，同

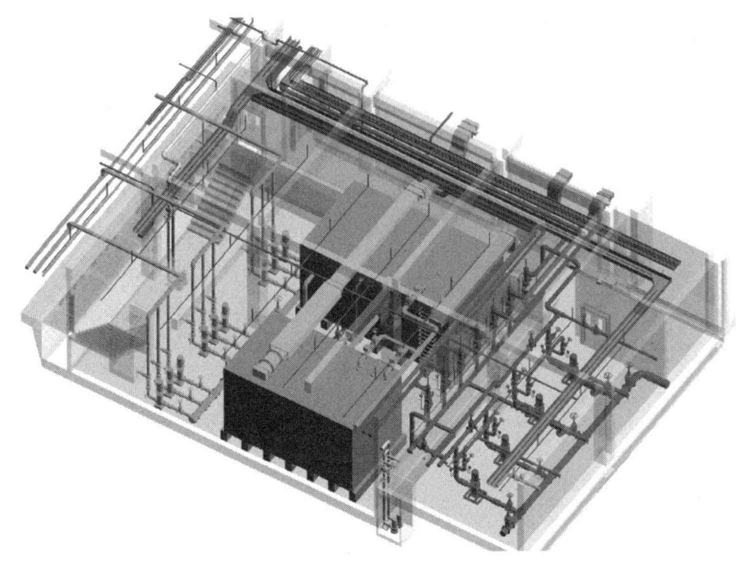

图 9-6　生活水泵房全专业展示

时对管线进行经济性路径优化。初步管综方案出来后，发起管综方案讨论会，邀请设计院、施工单位、监理单位及各分包单位相关人员参会，借助 BIM 模型的可视性，讨论方案是否符合设计规范、施工是否可行；对关键节点讨论施工顺序，合理组织管线交叉施工；将施工过程中可能发生的问题，提前到设计阶段来处理，避免因各种管材设备与土建结构的交叉而导致返工。管线综合排布方案确定后，运用 BIM 技术精确完成预留孔洞定位图，避免因孔洞预留不准而导致的二次开孔、返工问题；运用 BIM 技术进行净高复核，避免因管线标高不符合吊顶标高要求而导致管线安装返工。通过管线综合排布后，将最容易出问题、容易返工的给提前解决掉，避免返工、二次打洞，保证了工期，实现对成本的有效管控（图 9-7）。

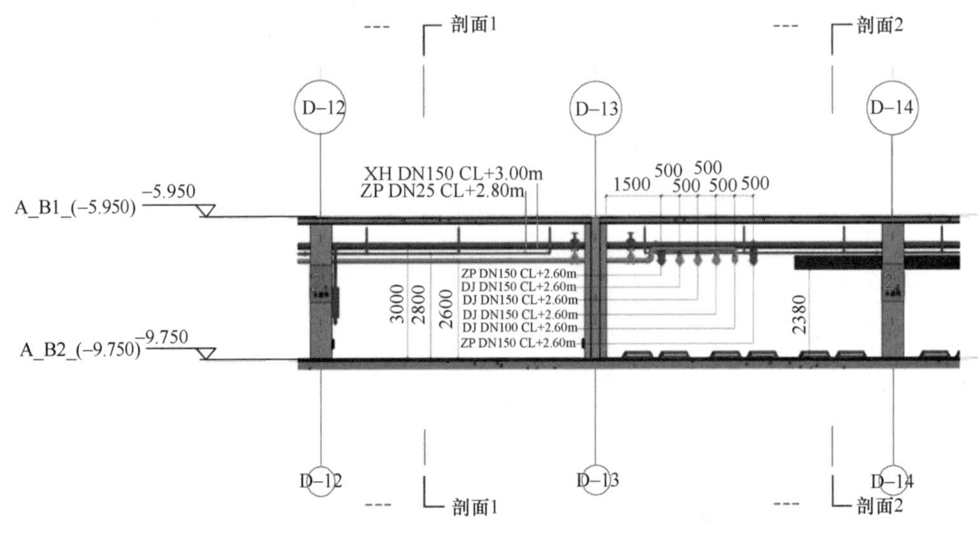

图 9-7　管线综合方案展示

4. PC 构件深化与核查

(1) 构件拆分及单构件建模：根据装配式建筑设计规范，设计院首先进行构件的初步拆分，我方通过建立 BIM 模型同时结合构件生产厂家对单构件的工艺生产要求及运输要求、施工单位对构件的安装要求对装配式构件进行合理拆分，提出合理化建议，以便满足后续施工图设计及工厂加工、运输、施工等技术需要。对各个拆分构件进行精细的 BIM 单构件模型创建，包含钢筋预设、洞口预留等信息，并附加构件的其他基础参数(图 9-8)。

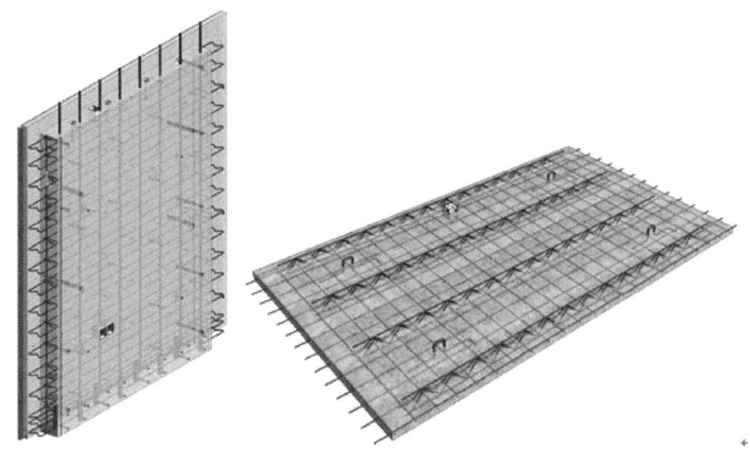

图 9-8　预制构件单体展示

(2) 多构件检查：将模块化、模数化的构件进行组合，构建三维可视化模型，通过效果图、动画、实时漫游、虚拟现实系统等项目展示手段对建筑构件及参数信息等真实属性进行三维立体检查。对各个构件之间、各个施工流程之间进行预装模拟，检查其合理性。

(3) PC 构件预留洞口检查：基于 BIM 技术将建筑、结构、机电、装饰装修等专业模型整合，再根据各专业要求及净高要求将综合模型导入协同平台中进行针对预留洞口的碰撞检查，根据碰撞报告结果对预设的 PC 构件洞口进行调整、优化。

(4) 钢筋设置与检查：利用 BIM 技术建立平面、立面、剖面、三维等多种视图模式，在布置钢筋过程中检查钢筋定位是否准确，钢筋是否有碰撞，便于指导构件生产的实体三维模型。利用 BIM 可视化技术中的提取、隔离、透视或者局部三维等功能属性，使隐蔽工程可视化，对实体钢筋模型进行构件模型内部、构件与构件之间的碰撞检查，对影响钢筋下料和工程质量的重点节点进行检查调整。

5. 优化施工现场平面布置

根据工程施工部署，拟建建筑物、施工设备、各场地实体、临时设施、库房、材料堆放及加工区、管线、道路等现场情况，利用 BIM 技术进行平面布置方案优化，包括垂直机械、临时设施、构配件等位置合理布置，优化临时道路、车辆运输路线，尽可能减少二次搬运，降低施工成本（图 9-9）。

(1) 塔吊的布置，不仅要考虑现场的空间，还要考虑吊装运力的安排。利用 Revit 软件的机械设备族，建立塔吊模型，充分考虑其占地面积和高度。在传统的二维场地布置中往往由于对机械高度的忽视，导致塔吊回转受到影响。而在三维模型下，通过精确建模，

图 9-9　施工现场项目部展示

可以动态的方式展现设备吊装工作的过程，从而进行合理的布置。在塔吊布置过程中，根据不同的工况，对各施工区域垂直运输需求以及材料堆场的安排进行了综合考虑，模拟塔吊的位置，确定是否与地下室的支撑梁、结构主梁等位置冲突。BIM 技术的运用，让塔吊方案既满足了施工要求又实现了经济、高效的目标（图 9-10）。

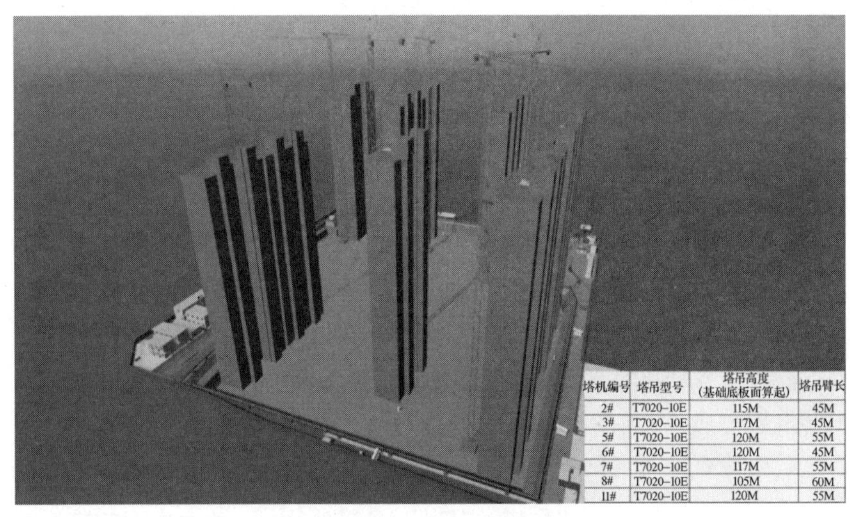

塔机编号	塔吊型号	塔吊高度（基础底板面算起）	塔吊臂长
2#	T7020-10E	115M	45M
3#	T7020-10E	117M	45M
5#	T7020-10E	120M	55M
6#	T7020-10E	120M	45M
7#	T7020-10E	117M	55M
8#	T7020-10E	105M	60M
11#	T7020-10E	120M	55M

图 9-10　群塔防碰撞模拟展示

（2）行车道路和堆场布置在地下室顶板上，需要考虑场地内主要车辆，如预制构件运输车、混凝土车、泵车、钢筋运输车等荷载对地下室结构的影响。通过 BIM 技术，模拟车辆的行进路线、材料运输车辆进出场合、卸货位置，以及不同车辆会车的过程。对于最关键的交通路线，严格控制车辆占用时间，尤其是混凝土泵车和钢筋进货车等。通过 BIM 技术的提前模拟规划，保证了场地内交通的流畅（图 9-11）。

（3）BIM 技术的运用，不仅仅使整个现场三维可视化，还使之成为了一个巨大的数据库。利用已经建立的模型，可以准确布置堆场的大小和每一块预制构件的具体堆放位置。既节省了场地，又方便了规范管理。预制楼梯和预制阳台板采用层叠方式堆放，预制外墙则放置在专用的堆放架上。其他的材料堆场和加工厂根据每个区域的材料用量进行科

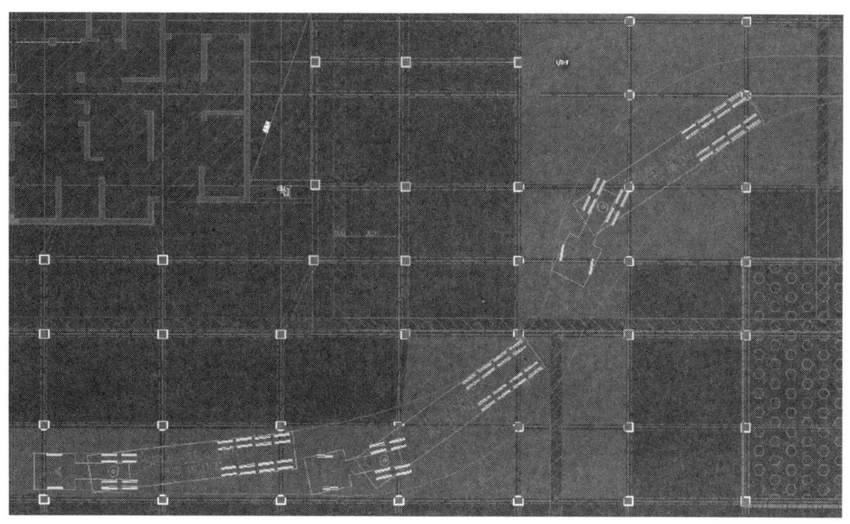

图 9-11 施工现场道路模拟展示

学合理的布置，减少材料的二次搬运，从而有效提高了场地利用率和施工效率。

（4）通过 BIM 现场模型，进行现场场布方案比选。通过不同角度查看现场布置的整体情况，对平面布置方案中难以体现的潜在空间进行量化分析，精准表达施工空间的三维指标，进一步完善场地布置方案，使工程管理更加科学高效。

6. 组织 PC 构件进场

1）构件生产阶段

在构件预制阶段，首先由预制人员利用读写设备，将构件的所有信息（如预制柱的尺寸、养护信息等）写到构件二维码中，根据用户需求和当前编码方法，同时借鉴工程合同清单的编码规则，对构件进行编码，然后由制作人员将写有构件所有信息的二维码照片粘贴到构件中，以供各阶段工作人员读取、查阅相关信息。

2）构件运输阶段

（1）二维码技术跟踪物资运输：在构件运输阶段，可将二维码照片粘贴到运输车辆上，或者将定制的构件类型二维码粘贴在构件及车辆上，随时收集车辆运输状况，寻求最短路程和最短时间线路，从而有效降低运输费用和加快工程进度。

（2）提前制定运输计划，保障施工现场材料供应：比如 PC 构件应考虑倾斜装车运输，因为这样既可以避免不必要的损坏，同时又降低了后期的施工吊装起用的难度；对于 PC 阳台、PC 空调板、PC 楼梯、设备平台采用平放运输，放置时构件底部设置通长木条，并用紧绳与运输车固定等。通过 BIM 技术模拟构件的运输方式及保护措施，有效减少因运输方式不当而造成的构件损坏，保障施工现场材料的及时供应及质量合格。

（3）运输过程模拟，辅助克服不必要的损坏：运输的过程需要注意克服不必要的损坏，比如采用钢架辅助运输，运输墙板时，车启动慢，车速均匀，转弯变道时要减速，以防墙板倾覆；在 PC 构件与钢架结合处采用棉纱或者橡胶块等，保证在运输的过程中 PC 构件与钢架不因为碰撞而破损；运用 BIM 技术进行运输过程的仿真模拟以及运输细节处的模拟展示，加强运输人员的意识，辅助克服不必要的损坏。

（4）对场内运输道路进行行车模拟，保证顺畅通行：采用 BIM 技术模拟车辆入场行车路线，从模拟中及时发现问题，方便 PC 构件在施工现场便捷进场以及安全存放，确保 PC 构件运输车辆在主大门道路双向通行，保证在施工现场转弯、直行等的畅通。

如何协调本工程现场进出场道路，是本工程施工的一个重点。如何进行施工组织、施工场地的合理划分和管理是本工程的重点和难点。为了满足各专业施工所需临时场地，我们根据不同施工阶段的需求，将整个施工过程分为多个阶段进行布置；在主体结构施工期间，规划了足够的预制构件堆放场地，可满足同时堆放两层构件。

7. PC 构件存放

（1）施工现场 PC 构件存放方案深化：预制结构运至施工现场后，可通过 BIM 技术对存放方案进行深化，模拟塔吊或汽车吊按照施工吊装顺序有序吊至专用堆放场地内，模拟预制构件的堆放形式，如墙板采用竖放，用槽钢制作满足刚度要求的支架，墙板放置支点应设在墙板底部两端处，堆放场地须平整、结实。采用 BIM 技术模拟成品在堆放场地的堆放形式及要点，及时发现堆放中不合理的因素，使堆放过程更加直观有序，减少因堆放构件不当造成的成本损失，同时可提高现场构件周转效率。

（2）加强对成品的保护：构件在堆放的过程中要注意加强成品的保护，在吊装施工的过程中更要注意成品保护的方法。通过 BIM 技术的模拟，使保护过程更加直观、有序，减少现场人员因失误或遗漏造成的物资损坏，影响施工进度，增加施工成本。

（3）二维码技术追踪物资存放位置：在实际的施工现场构件找不到或者构件找错等情况时有发生，为解决此类问题，在这个阶段，利用 BIM 技术和二维码技术的有效结合，对这些构件实时追踪控制。它们结合的优势就在于获得信息准确且传递速度快，能够减少人工引起的误差。

（4）在构件入场时，将二维码构件信息传递到数据库中，并与 BIM 模型中的位置属性和进度属性相匹配，保证信息的准确性，通过 BIM 模型中定义的构件位置属性，明确显示各构件所处区域位置，在构件或材料存放时，做到构配件点对点堆放，避免二次搬运。

8. PC 构件安装工艺

预制构件施工工艺模拟展示如图 9-12 所示。

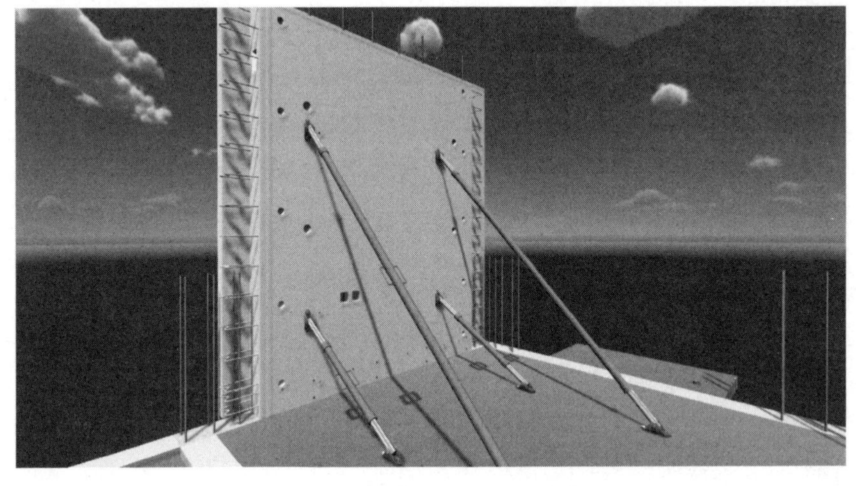

图 9-12　预制构件施工工艺模拟展示

（1）构件安装中的支撑节点模拟：通过 BIM 技术模拟各构件的施工工艺，特别是支撑节点的模拟，来指导复杂的施工过程，使施工人员能够更清楚、更透彻地掌握施工的流程及节点处注意事项，有效避免了传统技术交底模式中可能出现的信息沟通不畅等问题，提高工程的整体进度及质量。

（2）构件连接位置搭接模拟：构件连接位置处的搭接是施工中容易出错的环节，构件的搭接是否准确、是否合理、是否高效都直接影响工程的整体进度。通过 BIM 技术对构件连接位置进行搭接模拟，使此环节更加直观，从中指导现场人员的施工，提高搭接的工作效率及质量。

（3）施工安装培训：通过二维、三维配合展示，提高 PC 构件安装培训效率。在复杂 PC 构件安装施工前，利用 BIM 技术虚拟展示其施工工艺，向安装人员进行专项培训，尤其对本项目的装配建筑新技术、新工艺以及复杂节点进行全尺寸维度展示培训，有效减少因安装人员的主观因素造成的错误理解，使安装工艺的培训更直观、更容易理解，提高安装人员的安装精度及效率，以提高项目进展速度，保障项目工程质量。

9. BIM 协同管理平台

本项目在甲方招标问题中明确要求采用 BIM 协同管理平台，加上本项目采用 EPC＋装配式，项目操作难度大，成本管控难度大，这些因素都决定了本项目必须采用 BIM 协同管理平台。我方在项目初期搭建了 BDIP 数据集成平台，针对项目上的具体情况进行定制化配置，比如：平台架构、人员权限、管理流程、各种表单。项目各参与方可以通过这个信息平台协同工作，实现信息流畅交流和不断集成，从而实现工程项目管理的主要目标，提高工程施工质量、节约投资、合理可控工期，在避免失误、减少变更、沟通协调等方面具有传统技术无法比拟的优势（图 9-13）。

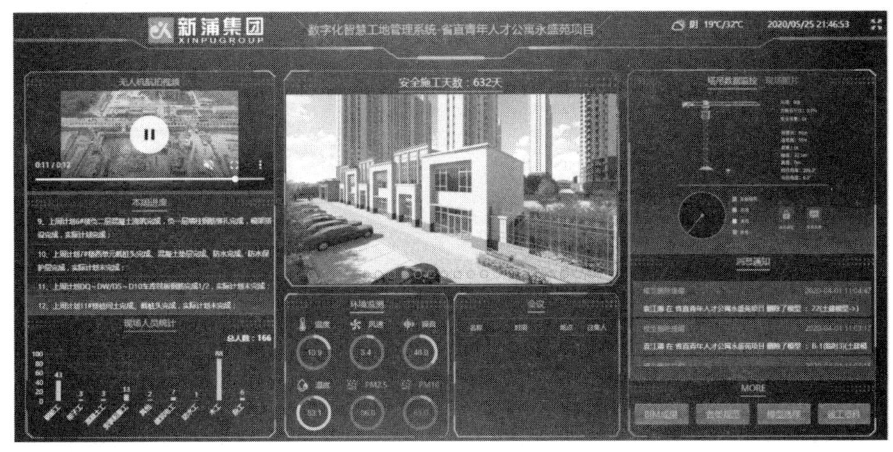

图 9-13　项目管理平台驾驶舱模块展示

BDIP 平台在成本管理方面支持将各类管理数据资料进行统一化分权管理，成本管理成果通过平台的文档、流程模块结合，将成本管理的审核、变更、签证、结算等工作在平台上进行过程监控和成果归档管理，并支持框图出量，BIM 模型进行关联和反查，方便审核人员复核工程量成果、付款合同工作界面时直观地进行查看，提高成本管理工作质量和效率（图 9-14）。

文档目录
- 新蒲建设集团有限公司
  - 进度管理
    - 郑州永盛苑—现场脱 3357/3359
    - 进度计划
  - 安全质量管理
    - 防尘治理管理资料
    - 安全资料
    - 工作联系单
    - 消防安全管理资料 19/19
    - 特殊工种管理 6/6
  - 资料管理
    - 施工试验记录及检测报告
    - 出厂质量证明文件及检测报告
    - 施工技术资料
    - 检验批质量验收记录
    - 施工记录
    - 各专项施工方案
    - 监理单位质量文件
    - 报审报验表 60/60
    - 各单位资质报审表 10/10
    - 建设单位文件
    - 会议纪要
    - 政府下发文件 26/26

各专项施工方案

类型	文档	所有者	创建日期	修改日期 ▼	附件数	最大附件数	关联	状态
	工程规划平面图 •	袁江涛	2019-11-07	2019-11-07	0	0	无	正常
	总承包管理策划书 •	袁江涛	2019-11-07	2019-11-07	1	0	无	正常
	质量事故处理制度 •	袁江涛	2019-11-07	2019-11-07	1	0	无	正常
	质量管理制度 •	袁江涛	2019-11-07	2019-11-07	1	0	有	正常
	项目设计承诺书 •	袁江涛	2019-11-07	2019-11-07	1	0	无	正常
	塔式起重机基础 •	袁江涛	2019-11-07	2019-11-07	1	0	无	正常
	试桩检测方案 •	袁江涛	2019-11-07	2019-11-07	1	0	无	正常
	试桩方案 •	袁江涛	2019-11-07	2019-11-07	1	0	无	正常
	施工组织设计报审表 •	袁江涛	2019-11-07	2019-11-07	1	0	无	正常
	目录 •	袁江涛	2019-11-07	2019-11-07	1	0	无	正常
	施工隐蔽验收制度 •	袁江涛	2019-11-07	2019-11-07	1	0	无	正常
	群塔作业施工 •	袁江涛	2019-11-07	2019-11-07	1	0	无	正常
	绿色工程施工设计 •	袁江涛	2019-11-07	2019-11-07	1	0	无	正常
	临时用电施工方案 •	袁江涛	2019-11-07	2019-11-07	1	0	无	正常
	抗浮锚杆施工设计 •	袁江涛	2019-11-07	2019-11-07	1	0	无	正常
	20190604防暑降温专项施工方案 •	崔慧芳	2019-11-07	2019-11-07	1	0	无	正常
	20190426基坑施工专项方案（1-1剖面补充方案）•	崔慧芳	2019-11-07	2019-11-07	1	0	无	正常
	20181001安全文明施工工程施工组织设计 •	崔慧芳	2019-11-07	2019-11-07	1	0	无	正常
	20180927临时用电施工方案 •	崔慧芳	2019-11-07	2019-11-07	1	0	无	正常
	20180925绿色工程施工方案 •	崔慧芳	2019-11-07	2019-11-07	1	0	无	正常
	20180906基坑施工专项施工方案 •	崔慧芳	2019-11-07	2019-11-07	1	0	无	正常
	见证取样方案 •	袁江涛	2019-11-06	2019-11-06	1	0	无	正常
	检验批划分 •	袁江涛	2019-11-06	2019-11-06	1	0	无	正常

全选　　< 1 > 第 1 页　100 条/页 | 共39条

图 9-14　项目管理平台资料管理模块展示

BDIP 平台的协作模块，用于项目设计、施工等各阶段的工作沟通，可配合移动端现场发现问题随时拍照或录像沟通，通过消息系统及时将信息分配并通知相关责任人并跟踪整改。项目参与各方可以针对 BIM 视点进行问题协作交流，例如：模型碰撞问题、设计交流、施工现场问题、图纸会审等。这些问题可分别进行存档，方便追踪查看历史问题；管理层通过平台及时获取项目信息，并通过数据统计分析，为项目提供更可靠的决策，提升项目协同管理的价值。利用信息化的分析功能，辅助分析相关施工方案，优化施工流程、控制施工进度、减少返工，避免了大量不必要的资源浪费，降低了成本（图 9-15）。

图 9-15　项目管理平台手机端部分模块展示

三、经验总结和展望

（一）结论

虽然本项目在成本管控上难度大，但是通过对BIM技术应用进行有效规划，在过程当中积极推进及各参与方的积极配合，使项目的成本保持在可控的范围内、降低了成本失控的风险、提高了成本管控的效率，也为BIM的广泛应用提供了可借鉴的经验和教训。

（1）装配式建筑的核心是“集成”，而BIM是“集成”的主线，串联设计、生产、施工、装修和管理全过程，服务与设计、建设全过程，实现信息化协同设计、可视化装配，为成本的有效管控保驾护航。BIM和装配式都是建筑业新宠，他们存在很多相似的地方：国家大力的政策扶持，达不到大规模推广应用；缺乏有力的行业规范；BIM先设计再翻模，装配式先设计再拆分，设计特点相似，这两项技术在国内都不是很成熟，还有很多问题需要解决。用BIM助力装配式，目前来说还没有达到强强联手的地步，还处在抱团取暖的阶段。

（2）BIM在本项目上的应用主要集中在依照二维图纸进行三维建模、碰撞检查、设计优化、深化设计、施工模拟、协同管理平台的应用，还有很多问题存在，比如说协同平台的电子化资料管理功能，由于现有竣工资料提交只接受纸质版资料这一规定导致在项目中应用不深入；项目一部分参与人员对BIM应用重视和配合度不高，导致一部分BIM应用成果落地度不高；虽然项目上了BIM协同平台，但是项目的管理流程并没有做相应改变，导致BIM的价值没有最大化发挥，平台应用度不高。BIM要想真正地发挥作用，除了本身技术关需要攻克外，还有很多工作需要做，比如说扫除政府法律法规政策障碍、管理流程加以改变、项目参与人员思路转变等，为BIM技术的应用和落地营造良好的环境。

（二）展望

BIM技术与装配式的结合是住宅产业化和信息化发展的必然趋势，是促进建筑业发展的增长点。相信会有越来越多的单位和项目在BIM和装配式的结合上进行探索和实践，推动BIM技术和装配式建造技术的融合，让BIM和装配式真正实现强强联手。

项目组成员：

李　静　公正工程管理咨询有限公司副总经理/BIM负责人

豆慧杰　公正工程管理咨询有限公司BIM工程师

崔帅兵　公正工程管理咨询有限公司BIM工程师

郭振博　公正工程管理咨询有限公司BIM工程师

单位简介：

公正工程管理咨询有限公司是按照《中华人民共和国公司法》，经河南省建设厅批准成立并在郑州市工商行政管理局注册登记的从事工程造价咨询服务的专业性服务机构，成立于2004年9月，注册资本6666万元，经营范围：工程造价咨询，BIM全过程咨询，工程招投标代理（政府采购，中央投资），工程监理，工程项目管理，软件销售及培训。单位资质为甲级。

【案例 10】BIM 成本管控在 EPC 项目采购过程中的应用

——以舜元科创园重建、扩建项目为例

蒋成杰

舜元建设（集团）有限公司　上海　200335

摘　要：BIM 技术在过去的几年中高速发展，诸多的 BIM 应用已实现项目落地，如：施工方案模拟、机电管综深化、BIM 运维管理等方面。但由于成本管控的特殊性，BIM 技术在此方面的应用还比较浅显，本文依靠舜元科创园重建、扩建项目，在施工阶段实际施工材料量采购过程中采取了 BIM 技术，通过对施工图模型的深化建模，形成符合成本算量要求的 BIM 算量模型，并且通过 BIM 团队与项目部的紧密配合高效、快速地实现 BIM 成本算量工作，以配合在项目实施过程中多方涉及的成本管理，探索了一项对于项目实施切实可行的 BIM 成本管控应用。

关键词：EPC；施工；BIM；成本管控

一、项目概况

舜元科创园重建、扩建项目位于上海市长宁区，西靠广顺路天山西路转角位置。项目建设单位舜元控股集团有限公司，设计单位上海开艺建筑设计有限公司，施工总承包单位舜元建设（集团）有限公司，项目总建筑面积约 3 万平方米，地上 7 层，地下 2 层(图 10-1)。

作为立足长宁区的高端商务办公楼，其质量目标为中国安装工程优质奖（中国安装之

图 10-1　舜元科创大厦效果图

星)、上海市建设工程“白玉兰”奖、绿色建筑二星及LEED金级认证。本项目成功入选上海市首批BIM试点项目，从项目开始之初，以业主方为总牵头单位，总承包公司作为实施主体，BIM服务团队（舜元VDC部门）辅助总承包公司制定相关规则、明确各方职责，并对BIM的实施进行技术指导和支持。各参与方进入项目后，明确各个BIM实施职责负责人，进行相关培训。BIM实施的组织架构为舜元控股集团有限公司主要负责本项目的监督和管理；VDC应用中心负责BIM整体规划和组织实施；设计、施工等其他参与方根据合同的约定，具体实施BIM各项工作。

二、BIM成本管控的理念及要求

舜元控股集团有限公司是一家集实业投资、房产开发、物业经营和管理的一体化集团公司。作为舜元科创园重建、扩建项目的业主单位，舜元控股秉持以新技术、新工艺、新材料、新设备的四新技术理念贯穿项目的全生命周期。在项目准备初期，舜元控股作为业主单位指出，BIM技术是串联该项目信息化、数据化落地的引线。其中特别强调，BIM技术需要在安全、质量、成本管理中落稳脚跟，准确、高效地完成项目施工任务。

BIM成本管控可以实现高效、精准、快速的成本分析，但分析的前提是项目反馈精准的数据，包括：项目进度、工作量、材料用量等多维度汇总分析资料，是建立在5D（三维模型＋进度＋资源）条件下的大数据分析结果。舜元控股集团要求以舜元科创园重建、扩建项目为起点，建立以BIM5D为基础的成本管控路径，在建筑施工的大宗材料采购、人工、机械等方面，以施工计划进度为主线，形成高精准度的成本管控标准。

三、项目实施BIM管控理念与成果

通过对BIM发展趋势预测以及对公司调研分析，结合公司发展战略规划中信息化的要求，舜元将BIM纳入企业的战略规划，并将BIM应用实施的战略目标定义为：

通过BIM技术在建设领域的研究与应用，提升公司主要业务板块总承包工程建造与投资工程建设水平，为公司的市场营销和项目履约提供有力的技术支持，为公司重大工程提供差异化科技竞争优势，助力实现项目管理精细化和企业管理信息化。

对战略目标的诠释：

（1）发挥舜元在已有主要业务板块的技术和市场优势，以业务支撑BIM研发与应用，以BIM应用推动技术更新和市场扩张；

（2）以确保舜元技术领先地位，提高市场竞争优势为基本点，驱动舜元的企业发展与变革，致力于为业主提供高技术含量的工程建设服务；

（3）用先进的信息化管理手段，提高企业全局掌控能力，实现集约化管理，进一步提升企业品质。

舜元紧跟发展方向，成立了VDC应用中心，主要进行BIM技术的应用研究和BIM项目实施，并在全公司范围内的所有项目实施BIM技术。

在项目的实施过程中，通过对土建及机电模型进行碰撞检查，及时对机电施工图进行优化并反馈至设计单位，并且针对基坑开挖方案进行模拟。由于项目地处2号线，基坑边离2号线上行线最近处约3.6m，基坑开挖需进行专项方案论证，VDC应用中心根据项目部要求对基坑开挖方案进行专项方案模拟。并且BIM团队对整体楼层机电设备进行深化设计，并按照项目进展状况，交付设计单位、业主及项目部深化设计报告及相关深化设计图，确认无误后配合项目部进行施工工作。除此之外，在项目施工前期，BIM 团队按照建模标准完善项目施工模型，后续配合项目部施工进度要求分别对 A、B、C 区地下室部分及地上七层混凝土结构进行分块分区工程量统计，后续交付项目部进行混凝土量采购，最后计算得出模型所出混凝土工程量与实际混凝土用量仅有 1%～3%的差别，模型出量工作大大减少了项目预算人员的工作时间，提高了工作效率。

（1）该项目于 2016 年成功入选了首批“上海市建筑信息模型技术应用试点项目”，舜元建设（集团）有限公司也因在 BIM 技术方面的着力发展，入选了“上海市 BIM 技术应用转型示范企业”。

（2）通过该项目的技术路径探索，完成了《项目级 BIM 集成解决方案》，并通过公司工程研究院审核，其中包括：

①《舜元建设（集团）有限公司 BIM 建模标准 _ V2.0》

②《舜元建设（集团）有限公司 BIM 应用标准 _ V1.0》

③《舜元建设（集团）有限公司 BIM 交付标准 _ V1.0》

④《舜元建设（集团）有限公司 BIM 协同标准 _ V1.0》

⑤《舜元建设（集团）有限公司 BIM 建族标准 _ V1.0》

⑥《舜元建设（集团）有限公司 BIM 工作手册》

（3）BIM 团队通过该项目的技术落实，获得了国家及省市级诸多奖项，其中包括：

①“第五届龙图杯全国 BIM 大赛”三等奖

②“上海市建筑施工行业第三届 BIM 技术应用大赛”一等奖

③“上海市第五届申新杯机电安装 BIM 创新大赛”二等奖

④“上海市首届 BIM 技术应用创新大赛”提名奖

⑤“中国房地产行业 BIM 应用大奖赛”优秀 BIM 应用奖

（4）BIM 技术的应用在项目的工期、造价以及隐患解决方面产生了重要的价值：

① 在对土建与机电设备管道碰撞优化的过程中，BIM 团队形成了数十份问题报告，并且最终节省了材料的使用浪费及人员的投入成本共计约 20 万。

② 通过对施工图错漏碰缺的检查以及对机电管道的优化，减少了项目的返工，并且配合机电安装分包，加快了施工进度，缩短工期近 2 个月。

③ 并且在材料采购过程中，传统材料采购员所需计算采购量的时间也大大提前，BIM 团队配合混凝土模型算量，在 5 分钟以内就可通过 Revit 模型形成混凝土实物采购量清单。

四、项目实施 BIM 成果管控实践过程

（一）项目管理体系

本项目的 BIM 应用总体实施路径为：

（1）以业主方为总牵头单位，总承包公司作为实施主体，BIM 服务团队（舜元 VDC 部门）辅助总承包公司制定相关规则、明确各方职责，并对 BIM 的实施进行技术指导和支持。

（2）各参与方进入项目后，明确各个 BIM 实施职责负责人，进行相关培训。

（3）BIM 工作的开展和实施不改变原有项目合同的法律关系和合约关系。

BIM 实施的组织架构：舜元控股集团有限公司主要负责本项目的监督和管理；VDC

应用中心负责BIM整体规划和组织实施；设计、施工等其他参与方根据合同的约定，具体实施BIM各项工作（图10-2）。

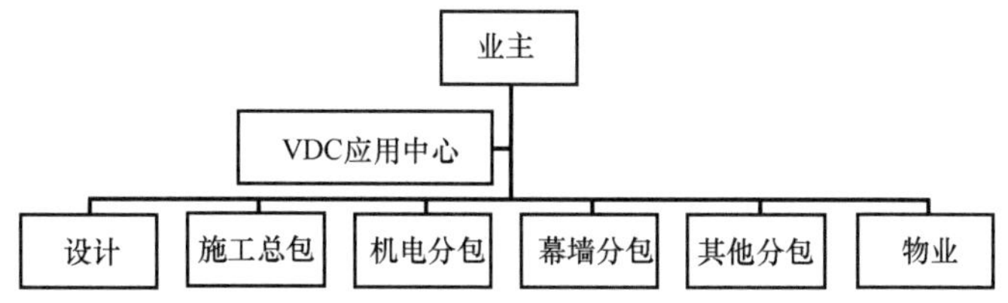

图10-2　BIM管理组织架构图

（二）项目各方职责

主要职责和工作分配如下：

1. 舜元控股集团有限公司：

本项目BIM实施的发起方和最终成果接收使用者。

（1）建立BIM技术应用的组织管理体系，并督导运行；

（2）根据业主单位自身的设计和施工管理需要，对本项目的BIM实施提出具体需求；

（3）选择BIM服务，根据合同要求其他参建单位开展BIM工作；

（4）审定本项目BIM实施方案、BIM有关技术标准和工作流程；

（5）监督BIM咨询和各参与方按本项目BIM技术实施要求、标准执行有关工作。

2. 上海东瑞建筑规划设计有限公司

（1）配合BIM顾问审核设计遗留问题，并及时修改优化有关设计成果；

（2）作好设计管理工作；

（3）及时提供各类各专业设计图。

3. 舜元建设（集团）有限公司

（1）完成施工中施工单位需要完成的BIM技术应用工作；

（2）组织建立内部、分包商的BIM实施体系；

（3）完成施工自身的深化建模工作，督促分包商完成各自深化施工的BIM建模工作；

（4）对施工阶段各分包的BIM工作进行总体协调工作；

（5）其他参与方使用BIM进行施工信息协同；

（6）制作施工阶段BIM成果。

4. VDC应用中心

本项目BIM的实施的组织及协调人，应用BIM技术为业主项目管理提供决策依据。

（1）提供本项目的BIM策划，报业主单位批准后，组织实施；

（2）对整个项目的BIM组织管理体系进行维护和支持；

（3）编制本项目的BIM实施导则和BIM技术标准；

（4）组织施工阶段的BIM实施，并进行本阶段的BIM总体管理工作；

（5）根据设计和施工阶段的不同要求，按BIM模型的深度要求进行模型管理和整合工作，为业主单位提供决策支持；

（6）协助业主审核各参与方的BIM工作和BIM成果；

（7）对各参与方的BIM工作进行指导、支持、校审。

5. 其他参与方：

（1）在合同约定的范围内，完成本项目对应工作中的 BIM 要求；

（2）组织内部 BIM 实施体系；

（3）与其他参与方使用 BIM 进行施工信息协同；

（4）建立适用的 BIM 模型，提供 BIM 应用成果。

BIM 实施的项目管理流程如图 10-3 所示。

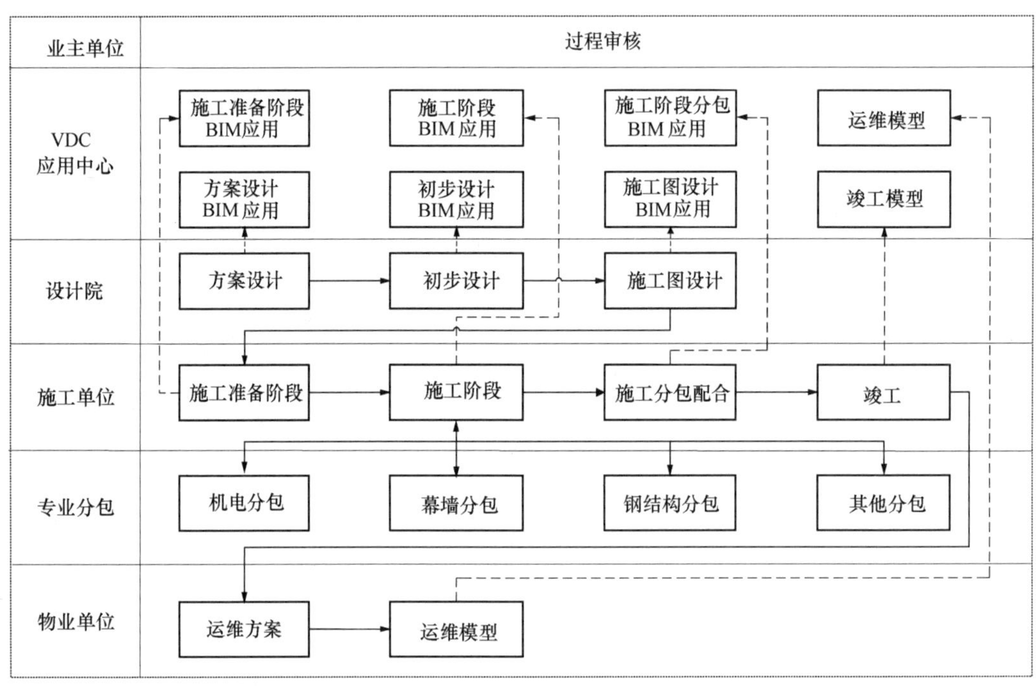

图 10-3　BIM 项目管理流程

（三）BIM 成本管控实施方法

项目开始之初，BIM 团队设立了一整套标准流程，确立了 BIM 成本管控所需实现的参与人员、岗位职责、流程及成果验收的方法。通过 PDCA（计划、执行、检查、处理）分析方法，检验该技术的可行性及准确性（图 10-4）。

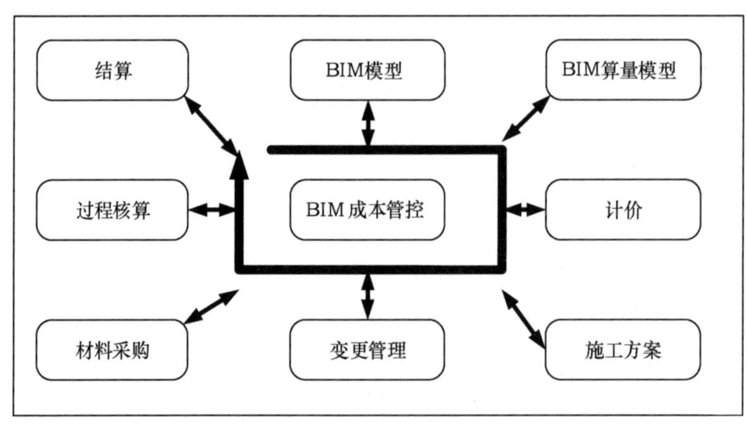

图 10-4　BIM 成本管控路径

1. Plan-计划

舜元科创园重建、扩建项目作为上海市首批 BIM 试点项目，从设计开始就应用 BIM 技术配合项目的设计及实施工作。BIM 团队在开始之初便确立了在项目实施阶段实现 BIM 成本管控的目标。众所周知，在项目施工阶段实现成本管控的方式是编制成本计划、确定成本目标、获取实际成本、分析成本偏差以及采取纠偏措施，并且涉及的参与者包括：业主单位、总承包集团成本合约部、项目成本管理部、采购部、财务部、项目管理部等多部门。BIM 团队按实施计划在项目部开设 BIM 启动会，重点针对 BIM 成本管控涉及部门进行了要求介绍，以避免后续工作的偏差性。交代各部门单位成本数据的流转方式、数据承载方式等内容，保证成本数据的及时性及准确性。

项目开始之初，VDC 应用中心编制了 BIM 相关管理标准及实施手册。“BIM 建模标准”意在描述在项目实施过程中各阶段建模要求，针对设计阶段、施工阶段、运维阶段以及成本算量模型的建模需求，因针对各 BIM 应用内容的不同，建模的细度均有所不同。

设计阶段模型随着设计的深化，模型的建模细度也随之提升。前期仅需表达模型粗略的三维状态，如：形状、位置等方面；后续随着深度的提升，表达的内容需添加专业、系统、组件等属性信息。在施工阶段，模型的表达信息主要涉及该构件的施工安装过程信息，包括：位置、数量、方向、安装人员、吊装工具等信息。而对于运维阶段，细度也在一定程度上有了升华，包括所有维护设备的属性信息、无具象化的空间信息、资产信息等方面。相比运维模型的建模细度，成本算量模型的建模细度则体现在构件细节部位，成本算量对于施工项目最直接的是土建算量和安装算量。土建成本算量模型需要建立完整的构件模型，如漆面、抹灰层、花岗岩装饰层、石膏板和隔音棉等。

对此，考虑到项目实施阶段的变化及模型数据使用的细度要求，VDC 应用中心编制了阶段模型交付标准。在施工图模型完成后，根据项目部进度计划需求，在此模型的基础上建立成本算量模型，并且经由业主、设计以及施工单位进行审核确认，在后续进行成本采购前，BIM 团队根据项目采购需求，及时高效地进行材料量统计，交付预算员和生产经理确认。

除此之外，相关人员的 BIM 知识普及也至关重要。BIM 成本管控牵扯部分及人员众多，各专业条线人员对 BIM 数据化的理念无太多了解，对 BIM+算量的高效及高准确率缺乏认识（图 10-5）。

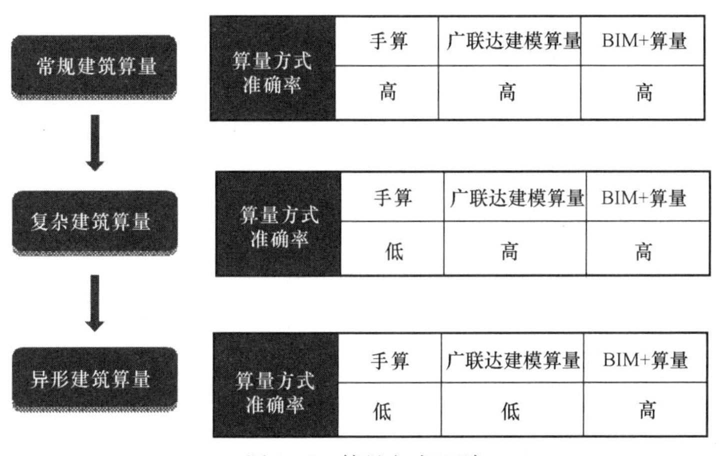

图 10-5 算量方式区别

2. Do-执行

为配合项目进行可实现的 BIM 成本管控，VDC 应用中心安排驻场人员，针对各业务条线口进行数据及业务配合，如：项目进度管理数据、分部分项施工数据、采购计划与实际量进场数据等内容。

在项目实施过程中，主要使用协同平台及建模平台进行数据信息的及时传递。传递的数据主要包括：算量模型、算量结果、实施方案、进度计划、采购计划、材料进场资料、结算资料等。BIM 驻场人员按照项目需求快速及时地完成项目采购量的统计，报至预算员相应采购量。

3. Check-检查

在项目进行材料采购前期，BIM 人员配合进行采购量统计，确认采购完成后，BIM 人员获取现场实际材料进场资料，针对 BIM 出量的准确性进行检查。例如，在舜元科创园重建、扩建项目混凝土采购前期，BIM 团队在围护结构阶段，分部分项按计划进行混凝土用量统计，其中包括：投标合同量、内控预算量、项目采购量、BIM 模型实物量、后续实际的混凝土用量（图 10-6）。经过对以上数据的多次对比分析，BIM 模型量小于实际用量，从而得到以下分析原因（图 10-7）。

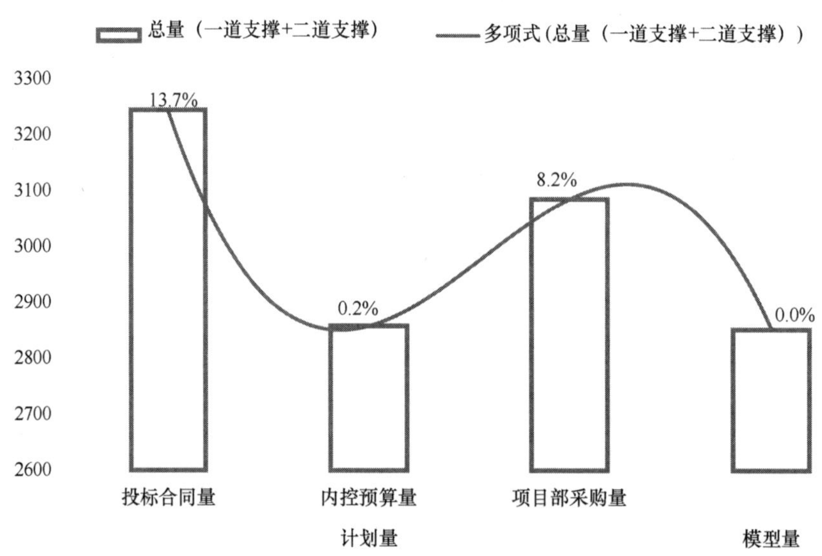

图 10-6　A 区混凝土材料量汇总量直方图（一道支撑＋二道支撑）以模型量为基础

<table>
<tr><td rowspan="3">节点统计分析</td><td>总量(底板＋支撑)</td><td colspan="2">无单独底板量，故此区间无数据</td><td>9407</td><td>9113.773</td></tr>
<tr><td>总量(一道支撑＋二道支撑)</td><td>3244.332</td><td>2858.3287</td><td>3085</td><td>2852.205</td></tr>
<tr><td>与模型量比较结果</td><td>13.7%</td><td>0.2%</td><td>8.2%</td><td>0.0%</td></tr>
</table>

图 10-7　A 区混凝土材料量汇总分析表(一)

原因分析（需进一步实证）	模型量大于预算量但小于实际用量，理论上预算量应大于实际用量。 原因分析： 1. 图纸栈桥与圈梁中间的素混凝土，圈梁加高与栈桥板连接； 2. 钻孔灌注桩中间的间隙； 3. 无磅秤可能泵车不足量； 4. 中间地连墙表面未凿除平整； 5. 浇筑时未达到精确标高； 6. 预算量中未考虑到墙柱锚固部分的导墙等； 7. 模型量中个别集水井混凝土量不精确，有待改善； 8. 个别构件在图纸中未表现，故在模型中混凝土量缺失
按照实证结果进行修改建议	根据实证分析后的结果，进行修改建议

图 10-7　A 区混凝土材料量汇总分析表（二）

4. Act-处理

通过对模型量与实际用量的对比分析可得出，在施工过程中可能发生数据偏差的原因。后续的工作就是对这些原因的验证与筛选，进一步证实数据偏差的原因。

（四）BIM 成本管控实施过程

（1）算量模型：BIM 驻场人员与项目技术负责人确认后续施工方案、进度计划等内容，建立 BIM 算量模型，通过 BIM 软件快速统计后续施工所需的混凝土量并通过项目协同平台提交至技术员（图 10-8～图 10-10）。

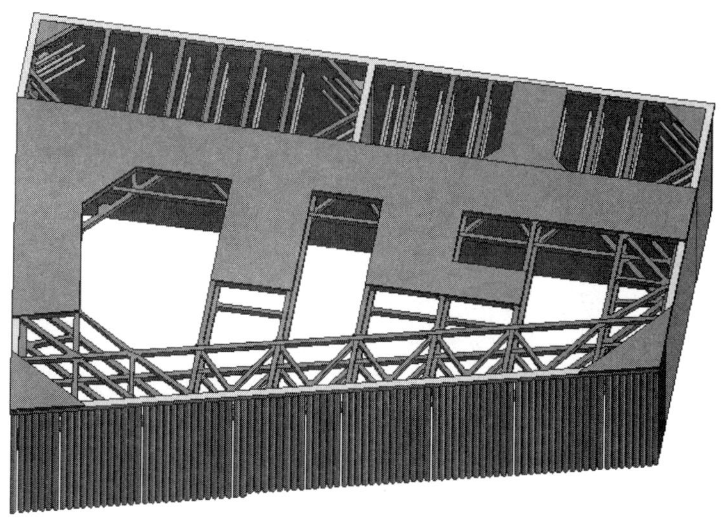

图 10-8　基坑围护模型

（2）技术员获取该施工区域的混凝土量后，报至预算员进行材料价格的审核，后提交至生产经理进行商品混凝土采购。

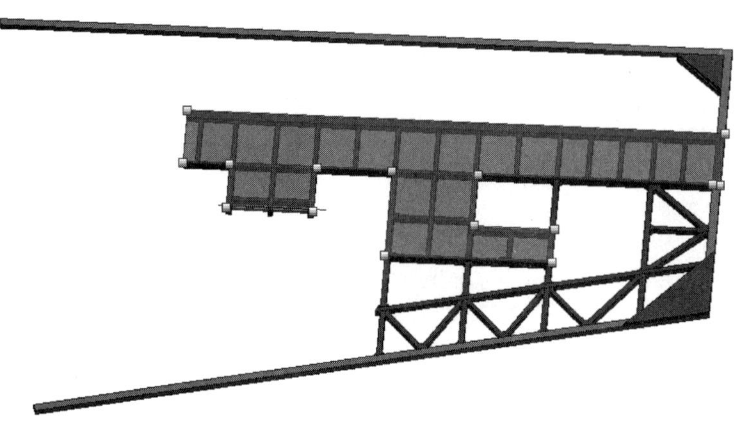

图 10-9　分区块施工模型

<楼板明细表>

A	B	C	D
族	族与类型	合计	体积
楼板	楼板: 砼支	1	5.74
楼板	楼板: 砼支	1	4.51
楼板	楼板: 砼支	1	4.51
楼板	楼板: 砼支	1	4.51
楼板	楼板: 砼支	1	4.51
楼板	楼板: 砼支	1	4.51
楼板	楼板: 砼支	1	4.51
楼板	楼板: 砼支	1	4.51
楼板	楼板: 砼支	1	4.51
楼板	楼板: 砼支	1	4.51
楼板	楼板: 砼支	1	4.51
楼板	楼板: 砼支	1	4.51
楼板	楼板: 砼支	1	4.51
楼板	楼板: 砼支	1	4.51
楼板	楼板: 砼支	1	4.51
楼板	楼板: 栈桥	1	48.37
楼板	楼板: 砼支	1	31.93
楼板	楼板: 栈桥	1	6.74
楼板	楼板: 砼支	1	4.61
楼板	楼板: 砼支	1	2.74
楼板	楼板: 栈桥	1	6.74
楼板	楼板: 砼支	1	2.74
楼板	楼板: 栈桥	1	20.71
楼板	楼板: 栈桥	1	27.48
楼板	楼板: 砼支	1	8.50
楼板	楼板: 砼支	1	2.98
楼板	楼板: 砼支	1	0.25
楼板	楼板: 栈桥	1	12.43
楼板	楼板: 砼支	1	2.74
楼板	楼板: 栈桥	1	10.22
楼板	楼板: 砼支	1	0.45
楼板	楼板: 砼支	1	4.79
楼板	楼板: 砼支	1	2.73
楼板	楼板: 砼支	1	18.92
楼板	楼板: 砼支	1	11.79
楼板	楼板: 砼支	1	10.99
楼板	楼板: 砼支	1	10.99
楼板	楼板: 砼支	1	5.88
楼板	楼板: 砼支	1	5.88
楼板	楼板: 砼支	1	5.88
楼板	楼板: 砼支	1	13.73
楼板	楼板: 砼支	1	14.02
楼板	楼板: 栈桥	1	7.18
楼板	楼板: 栈桥	1	374.08
楼板	楼板: 栈桥	1	16.61
楼板	楼板: 栈桥	1	22.49
楼板	楼板: 栈桥	1	3.85
总计: 47			788.34

图 10-10　Revit 混凝土明细表

（3）BIM 驻场人员配合项目预算员、库管员、资料员等归口，整理搅拌站交付的混凝土发货单（表 10-1），按照特定数据模板进行统计。形成根据施工分部分项要求得到的混凝土多算对比，以确认混凝土的成本控制（图 10-11）。

项目部材料供货量统计说明表 **表 10-1**

项目节点	A 区底板浇筑完成		节点完成时间	2016 年 5 月 8 日	
施工部位	A 区支撑栈桥	相应部位累计方量	3200m³	强度等级	C30
	A 区大底板		6300m³		C40

类型	区域		位置	分区	模型量	圈梁	投标合同量	计划量 内控计划量		实际量 项目部采购量	实际量 项目部结算量	
混凝土	围护	A区	一道支撑栈桥	栈桥	668.025	507.143	418.908	636.6694	367.132	67		备注：1.投标合同量误差较大2.投标合同总量为一道支撑栈桥及二道支撑混凝土量之和3.因各量分区方式不一致，以总量进行比较分析较准确。
										1387		
				支撑	731.493			795.7692		592		
				小计	19006.661			1799.5706		2046		
			二道支撑	支撑	226.51	60.51		211.7766	49.0137	258		
					213.75		2825.424	146.6399				
					50.26	248.35		68.4695	169.4602	316		
					160.21			107.994		465		
				小计	650.73	308.86		534.882	218474			
					959.59		3244.332	753.356		1039		
			底板	A1+A2	2468.93			T1100	3273.5815			
				A3+A4	1925.84			T1500	158.1658			
				后浇带	137.74			T1600	5395.3935			
		B区	底板	B区				设备基础	3.705			
		C区	底板	C区				集水坑	560.1605			
				小计	4532.51				9391.0063			

图 10-11　A 区混凝土材料量统计分析

五、经验总结和展望

就目前 BIM 发展的程度而言，BIM 应用目前所涉及的范围仅包括设计阶段、施工阶段以及运维阶段。其中设计阶段主要应用三维可视化、效果渲染、碰撞检查等功能；运维阶段的 BIM 内容主要涉及精细化模型以及各类设备厂商的数据集成工作；而在施工阶段，BIM 的应用意义很大程度上在成本管控方面，但也涉及人员和方式的限制。

由于现场项目人员的平均年龄及素质水平低下，BIM 工作的应用范围和深度均有限制。BIM 成本管控的内容涉及部门及人员较多，工作的推动力不足，难以实现成本管控工作的落地。在施工项目进行 BIM 应用前需要从上而下地进行 BIM 技术的宣贯，由业主单位或项目经理层面进行 BIM 实施制度的指定。

常规 BIM 模型的算量工作主要涉及混凝土材料，钢筋的成本算量考虑到配筋图翻样、弯折损耗等内容，无法形成较精确的算量结果。另对于水电安装过程的管道设备材料而言，需要建立精确的 BIM 机电深化模型，包括阀件、管件等精确的附属设备，对于 BIM 团队而言，如果在一开始就没有对模型的精度进行定位，会导致后期工作量较大，一定程度上阻碍了达成高效快速算量的目标。

由于 BIM 成本管控的涉及条线众多，需要前期制定对应的 BIM 成本管理制度，配合从上而下的推动工作，方可形成整套的 BIM 成本管理流程。

本文作者：
蒋成杰　舜元建设（集团）有限公司 VDC 应用中心副经理

【案例 11】高校项目的 BIM 成本管控应用

——以辽宁科技大学大学生训练及创新中心为例

李国军

辽宁科技大学　辽宁　鞍山　114050

摘　要：建筑业作为国民经济的支柱产业之一，随着房地产和政府投资及市场化的高速发展，规模在不断扩大。但作为一个相对传统的行业来说，在市场化和国际化的不断冲击下，传统的理念与技术难以满足目前建筑行业日益增长的需求。所以无论是建筑企业还是房地产企业都必须以更加精细化的理念与技术进行项目建设，以提高企业自身竞争力，提高行业整体发展水平。建筑信息模型（Building Information Modeling，BIM）是近几年出现在建筑界的一个新名词，该技术打破了各项目参与方之间的信息壁垒，解决了项目全生命周期的信息孤岛现象，为解决传统成本管理中信息断层、效率低下、响应滞后等问题提供了一个可以协同工作、信息共享的应用管理平台。本论文就是在 BIM 大背景之下，使用 Revit 软件构造辽宁科技大学训练及创新中心三维立体模型，将工程项目成本管控管理与 BIM 技术相融合，能够有效地帮助建设者做好成本管控优化，实现了对项目全过程施工成本的实时监控，有效地杜绝了项目建设成本超支的现象。

关键词：建筑信息模型；成本管控；施工阶段；工作流程

一、项目概况

辽宁科技大学大学生工程训练及创新中心项目位于辽宁省鞍山市辽宁科技大学内，规划工程占地面积为 3423.03m²，总建筑面积 17109.45m²。本项目层数为 5 层，一层层高为 4.80m，二至五层层高为 3.90m，水箱间层层高为 3.30m，建筑高度为 21.15m。本项目结构形式为钢筋混凝土框架结构，建筑结构类别按《建筑结构可靠度设计统一标准》规定属于三类，设计使用年限为 50 年，抗震设防烈度为 7 度。耐火等级为二级。基础形式为桩基础（图 11-1）。

图 11-1　辽宁科技大学大学生工程训练及创新中心

二、项目背景及难点

（一）项目背景

辽宁科技大学大学生训练及创新中心工程的项目承办单位为辽宁科技大学，实施单位为辽宁科技大学后勤处。本项目的全过程造价控制比较重要，主要体现的两个方面：

（1）该项目为中央投资项目，争取中央投资机会很难得，项目要求充分体现国家对大学支持的初衷，将国家投资项目做到社会效益最大化。

（2）国务院发布《政府投资管理条例》2019年7月1日起施行，明确规定“初步设计提出的投资概算超过经批准的可行性研究报告提出的投资估算10%的，投资主管部门或者其他有关部门可以要求项目单位重新报送可行性研究报告。”对擅自增加投资概算将追责。

根据以上要求，我们采用BIM技术和成本管控相结合的方式，取得良好的效果。

（二）国家相关BIM政策文件

（1）住房和城乡建设部2011年5月10日发布的《2011-2015建筑业信息化发展纲要》中把BIM作为支撑行业产业升级的核心技术重点发展；全文中9次提到BIM。

（2）住房和城乡建设部2014年7月1日颁布的《关于推进建筑业发展和改革的若干意见》。

（3）住房和城乡建设部2015年6月16日发布的《关于推进建筑信息模型应用的指导意见》中提出，到2020年末，以国有资金投资为主的大中型建筑、申报绿色建筑的公共建筑和绿色生态示范小区项目勘察设计、施工、运营维护中，90%需使用BIM技术。

（4）住房和城乡建设部在2016年8月23日发布的《2016-2020年建筑业信息化发展纲要》中，28次提到了BIM一词，强调BIM与大数据、智能化、移动通讯、云计算、物联网等信息技术的集成应用能力。

（5）2017年2月21日，国务院办公厅印发《关于促进建筑业持续健康发展的意见》（国办发〔2017〕19号）中提出，国务院办公厅加快推进建筑信息模型（BIM）技术在规划、勘察、设计、施工和运营维护全过程的集成应用，实现工程建设项目全生命周期数据共享和信息化管理。

（三）项目面临的难题

本项目由承办单位牵头，通过招标选择造价咨询公司作为BIM辅助实施单位，负责与设计单位、监理单位及施工单位协调。项目投资为中央预算内资金和自筹，体量不大，招标工期为2018年9月18日开工，2019年10月30日竣工，计划工期为407天，但由于第三方特殊原因造成工程晚开工，于2019年3月开工，同时要在2019年12月31日前竣工。在这种情况下，发包人、承包人均体会到了前所未有的压力，成本管控的压力和工期的压力接踵而至。为此，本项目对BIM成本管控的要求更高，发挥BIM可视化、可模拟、可优化等诸多优势，实现未造先知，提前解决设计错、漏、碰、缺等设计问题，防止现场碰撞返工延误工期，提高沟通效率显得尤为重要。

三、传统工程项目成本管控理念及存在的问题

（一）工程项目成本管控的概念和过程

工程项目成本管控是指在施工过程中对影响施工项目成本的各种因素加强管理，并采

取有效措施，将实际发生的各种消耗和支出严格管控在成本计划范围内的过程。完整的成本管控过程包括事前成本计划、事中成本管控和事后成本分析。

1. 事前成本计划

在施工开始前，通过工程预算得到分部分项工程量、价格数据，并制定成本节约计划措施，编制清晰、具体的成本计划，包括资金计划、劳动力计划、资源计划等，然后，按照合同、作业队伍、作业班组的分工进行任务分解，作为施工作业队伍的责任成本，为开展成本管控与核算提供基准。

2. 事中成本管控

在施工过程中，在统一成本管理口径的情况下，成本管理人员及时统计归集实际成本，以便及时采取措施纠正，将成本管控在计划范围之内。

3. 事后成本分析

在某项施工任务完工时，对成本计划的执行情况进行检查，通过实际成本与计划成本进行多维度、多层次的对比分析，查明成本偏差的原因以及成本管控的薄弱环节，及时纠偏，调整下一阶段的施工成本计划，保证成本管控的良性循环。

（二）项目成本管控问题的需求

项目成本管控内容如表 11-1 所示。

项目成本管控内容表 **表 11-1**

序号	成本管控存在的问题	成本管控需求
1	月末统计核算，时间滞后，时效性差	产值、进度、成本实时统计分析
2	现场管理人员没有参与进来，交流性差	全员参与成本控制、协同控制
3	事后控制为主，缺乏中间控制	注重事前计划和事中控制
4	重视单个成本因素，就成本论成本	成本一进度集成控制
5	成本原始资料收集、分析方法落后	高效的成本信息集成分析技术
6	不注重先进控制方法和工具的应用	先进成本计划工具和控制方法
7	成本目标不清	明确的成本控制目标
8	成本分析维度单一	多维度、多层次的成本分析
9	业务部门不了解成本控制情况	成本控制信息共享
10	成本计划过于粗糙	工、料、机的资金使用计划
11	实际成本和计划成本数据不能对比	统一的成本控制口径
12	知总体盈亏，但不清楚具体问题在哪里	动态的原因追踪和优劣分析
13	工程进度和用料环节脱离	动态的资源需求变化
14	成本控制过程不够直观	可视化、直观的数据表达
15	缺乏能再利用的成本数据	丰富的历史数据

传统项目施工过程的成本管控往往存在以下问题：

（1）轻计划，重实施，不注重事前控制；

（2）成本计划粒度太粗，缺乏指导性；

（3）目标成本不清；

（4）成本数据时效性不强；

（5）实际成本和计划成本不能有效对比；

（6）数据再利用能力差；

（7）工程进度和用料管理脱节；

（8）业务部门不了解成本情况，只能靠施工日志记录施工情况，统计分析能力差；

（9）不注重先进控制方法的应用；

（10）成本分析维度单一等问题。

为杜绝此类问题出现，严格控制项目成本管理，确保资金用到实处，本次项目引入建筑信息模型（Building Information Modeling），即BIM技术，旨在通过BIM先行来进行进度把控，变更传统的管理方式，提高工程效率。

四、BIM成本管控过程

（一）BIM模型创建阶段

高等学校基本建设是高等教育事业发展的重要组成部分，是为高等教学、科研、生活等提供的物质保证，也是一门专业性、实践性、科学性、系统性很强的学科。如何加强基建管理，解决承包人和发包人天然信息不对称问题，在国家高校基建投资有限的情况下，最大限度发挥投资资金的性价比，取得最大经济效益和社会效益是高校基本建设管理部门一直在探索的方向。

本次辽宁科技大学训练及创新中心工程项目引入BIM技术，并在工程开始前期就已经介入，根据设计图纸进行模型构建，能在施工节点开始前提前进行施工模拟，避免碰撞发生。

（二）项目深化设计阶段

通过BIM3D技术展现建筑物空间关系，解决二维设计盲点，进行三维校审，验证空间布局、查找“错漏碰缺”问题，减少无效成本。可以集合多工种多专业多分包进行虚拟审图，在模型的基础上提出各专业需求，通过建模碰撞、优化进行协调解决。利用BIM技术在本工程实现无纸化图审，通过模型建立发现图纸问题40余处，在模型建立过程中建筑和机电图纸标注错误、错漏等问题，避免了以往大量纸质图纸互相查看、对照的过程，减轻图审人员工作量的同时也极大地提高了图审准确率。

成本计划的编制是施工成本预控的重要手段。需要根据工程预算和施工方案等确定人员、材料、机械、分包等成本控制目标和计划，并依据进度计划制定人员和资源的需求数量以及器械进场时间等，最后编制合理的资金计划并对资金的供应进行合理安排。

BIM技术在项目深化设计阶段的优势主要体现在以下方面：

（1）可以将建筑物的全寿命周期的信息集成在一个模型中，方便了解项目整体概况，直观又准确。

（2）BIM模型可以自动识别出建筑物的工程量，再结合进度和施工方案确定工、料、机等资源数量，关联资源价格数据，就可以很快计算出所需要的成本，并将成本计划进一步细致划分，充分进行成本控制。

（3）在计划执行前，通过BIM技术事前对方案和计划进行模拟，确定方案是否合理，并通过调整计划使得不同施工期的资源使用尽可能达到平衡。

（三）招标阶段

利用广联达 BIM 算量软件、广联达计价软件快速编制提取工程量、审核招标控制价。同时应用施工图建 BIM 模型，将其转化为可进行清单计量计价的造价模型，采用 BIM 算量、传统算量两种方法分别算量，并将算量结果存储至相应构件，实现工程量的可溯源动态管理。

五、BIM 在本项目中的实际应用

（一）项目目的

本项目 BIM 应有目标包括成本管理、合约管理、造价管理和过程管理四个部分，详见图 11-2。

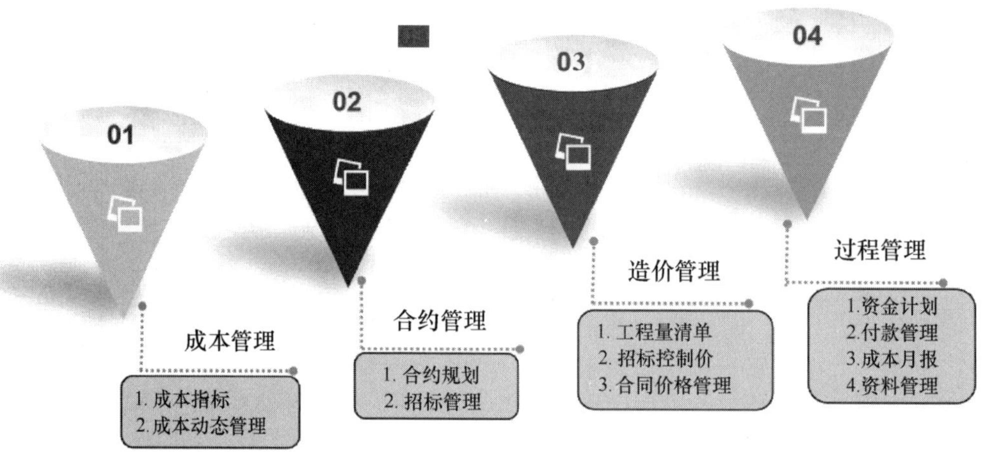

图 11-2　项目目的

（二）主要应用的软硬件

为了保证项目的顺利开展，本项目采用了以下软硬件环境，详见图 11-3。

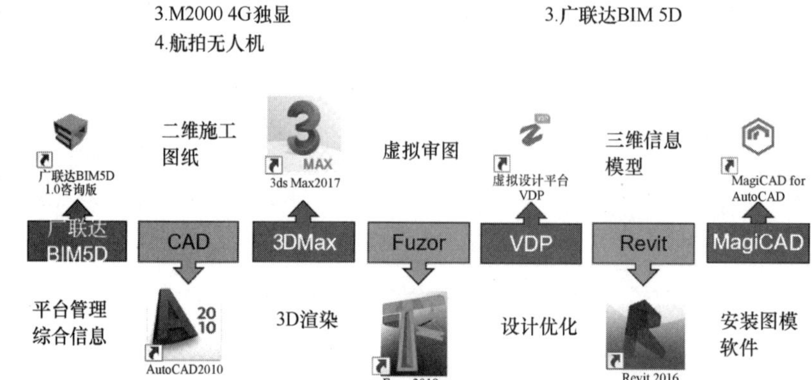

图 11-3　项目所需软硬件

（三）项目人员组织架构

项目人员组织架构如表 11-2 所示。

项目人员组织架构 表11-2

团队人员	任务
土建建模员	1. 建立BIM建筑模型 2. 施工方案模拟与优化 3. BIM模型深化 4. 施工现场规划布置 5. 虚拟仿真模拟漫游 6. 提取工程量
安装建模员	1. 建立BIM模型，包括水暖电 2. 三维管线排布和碰撞检查 3. 预留孔洞设置

（四）场地信息获取

本项目原址是一个锅炉房及煤场所在地，施工前通过无人机拍照留存现场照片并及时签证，为日后工程结算提供依据（图11-4）。

图11-4 项目原址

（五）施工阶段

采用广联达BIM5D将精细化的模型进行成本信息与进度信息的关联，实现单位工程某时间段内的材料采购、产值分析及5D虚拟建造等。利用BIM技术关联BIM5D施工进度，提前记录施工重要节点，做好重要施工前的场地准备与规划工作。将可视化施工计划进度与实际进度相对比、结合，以应对重大施工节点可能出现的问题，并使客户更直观地掌握施工进度情况。

在工程实施过程中，工程变更的发生会打乱原计划，BIM技术可以通过比较变更前后的模型差异，计算变更部位及变更工程量的差异。在图纸进行更改之后，可以随时对模型进行修改，实现进度计划的实时调整和更新，提高工作效率，有效降低成本。

BIM平台同时还是一种协同控制平台，设计方可以根据施工进度来合理地安排出图计划，监理方可以根据BIM模型的实体进度来审核验工计价，业主方可以根据BIM平台的资金流程准备资金投入，总包单位可以通过BIM平台来与供应商、分包商进行沟通和协作，提高效率，降低成本。

（六）项目预算

由于本项目为中央预算内投资，项目开工后每月需要向省教育厅发展规划处上报项目投资额和形象进度照片，为此利用无人机把握施工现场整体环境，记录施工进度，核对施工计划，做到 BIM 信息的及时跟进。实现快速核对工程款、积极支付的效果(图 11-5)。

图 11-5　项目施工现场

可以将清单文件和模型进行挂接，匹配进度计划，措施项目利用实体进行分摊，支持自定义关联清单文件（图 11-6）。

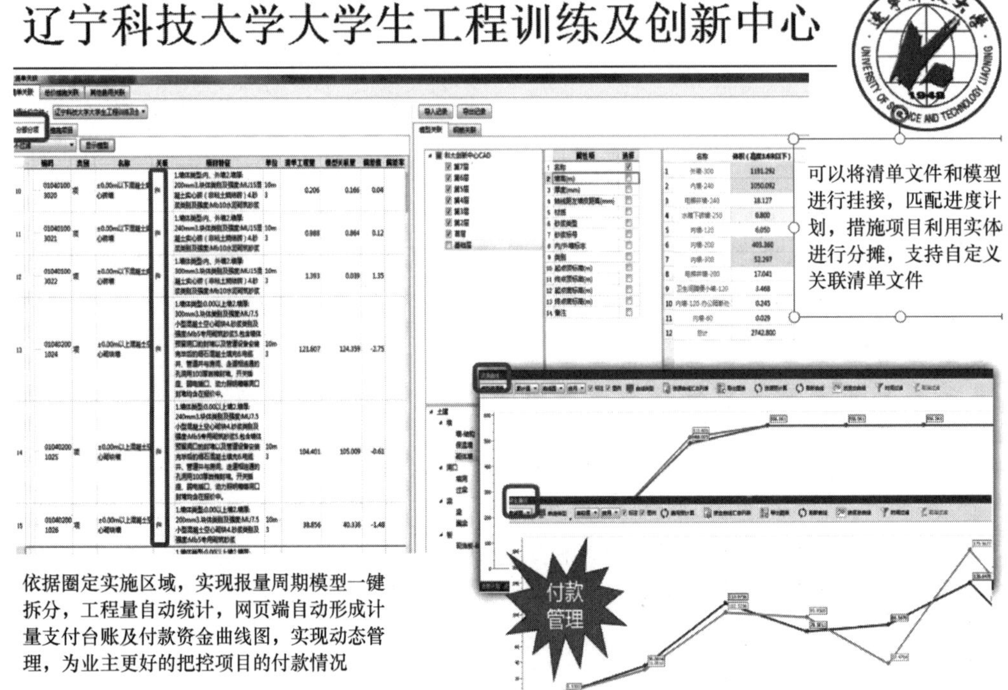

辽宁科技大学大学生工程训练及创新中心
可以将清单文件和模型进行挂接，匹配进度计划，措施项目利用实体进行分摊，支持自定义关联清单文件
依据圈定实施区域，实现报量周期模型一键拆分，工程量自动统计，网页端自动形成计量支付台账及付款资金曲线图，实现动态管理，为业主更好的把控项目的付款情况
付款管理

图 11-6　模型与清单进行挂接

（七）项目成本

尽管本项目 BIM 技术应用主要为发包方提供增值服务，但是考虑合作共赢不影响发包方利益的情况下，适度开放权限，为承包方提供现场限额领料和二次结构，根据进度不同节点，形成物料清单，加强过程管理减少消耗。二次结构控量，由于空心砖相对其他材料损耗相对较大，是现场管控的难点，浪费比较严重，通过二次结构建模排砖达到砌块最大利用率（图 11-7），减少废料产生并可以按楼层和施工区域定点投料，减少砌筑工人搬运材料时间和杜绝搬运过程中的损耗（表 11-3）。

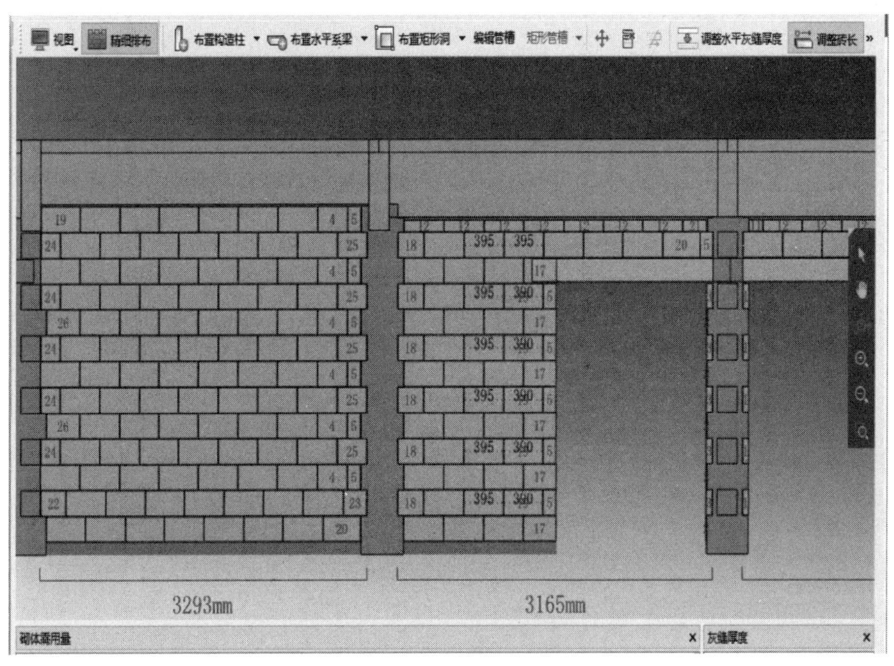

图 11-7　模拟排砖

砌体需用量　　**表 11-3**

名称：QTQ-1-内＜4，D-1800＞＜7，D-1800＞

标识	材质	规格	数量（块）
	BM 空心砌块 90-1	395×90×195	188
	BM 空心砌块 90-2	395×90×195	22
1	BM 空心砌块	190×90×195	10
2	BM 空心砌块	360×90×195	7
3	BM 空心砌块	195×90×195	8
4	BM 空心砌块	160×90×195	4
5	BM 空心砌块	130×90×195	11
6	BM 空心砌块	395×90×101	9
7	BM 空心砌块	265×90×101	1
8	BM 空心砌块	130×90×101	1
9	BM 空心砌块	295×90×195	1

续表

标识	材质	规格	数量（块）
	·········	·········	
13	BM 空心砌块	250×90×107	1
14	BM 空心砌块	265×90×195	1
15	BM 空心砌块	235×90×195	1
16	BM 空心砌块	385×90×195	1
17	BM 空心砌块	190×90×92	1
18	合计		307

（八）合同价格管理

合同价格管理以合同台账形式展示，借助广联达 BIM5D、算量软件协助处理，展示关联模型以及合同价信息，直观形象，并且实现自动的动态成本统计，合同执行过程中每一项成本变化都能记录反映到动态成本中（图 11-8、图 11-9）。

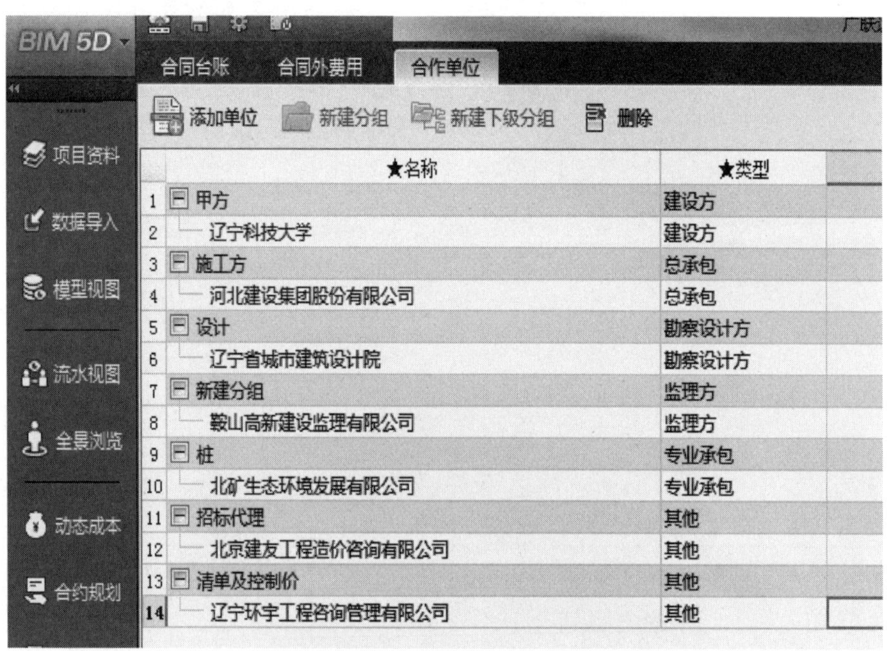

图 11-8　合同合作单位录入

（九）可视化虚拟建造

通过 BIM5D 模拟项目建造过程，对施工方案进行模拟演练，直观地反映出在不同进度安排下完成的实际工程量和对应所需要的人材机以及资金需求，动态展示，方便项目管理人员结合实际情况对施工方案进行优化处理。

运用 BIM5D 有利于对施工作业人员进行可视化而交底，并对特殊部位的施工进行提前模拟，使得现场施工人员更好地领会设计意图，保障施工顺利进行，减少返工。同时也便于向业主方、监理方各单位进行可视化展示，最大限度地还原现成实际施工过程，提高沟通效率（图 11-10）。

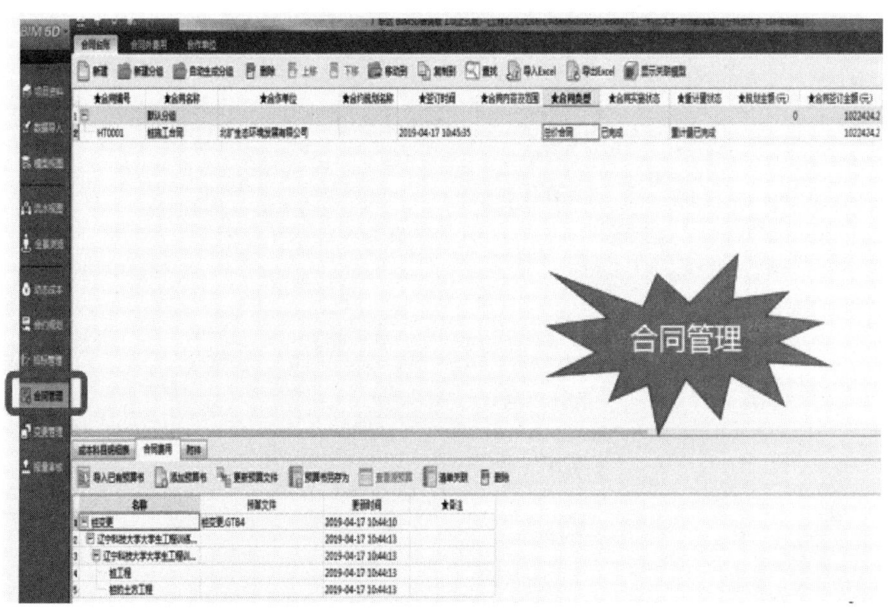

图 11-9　合同管理

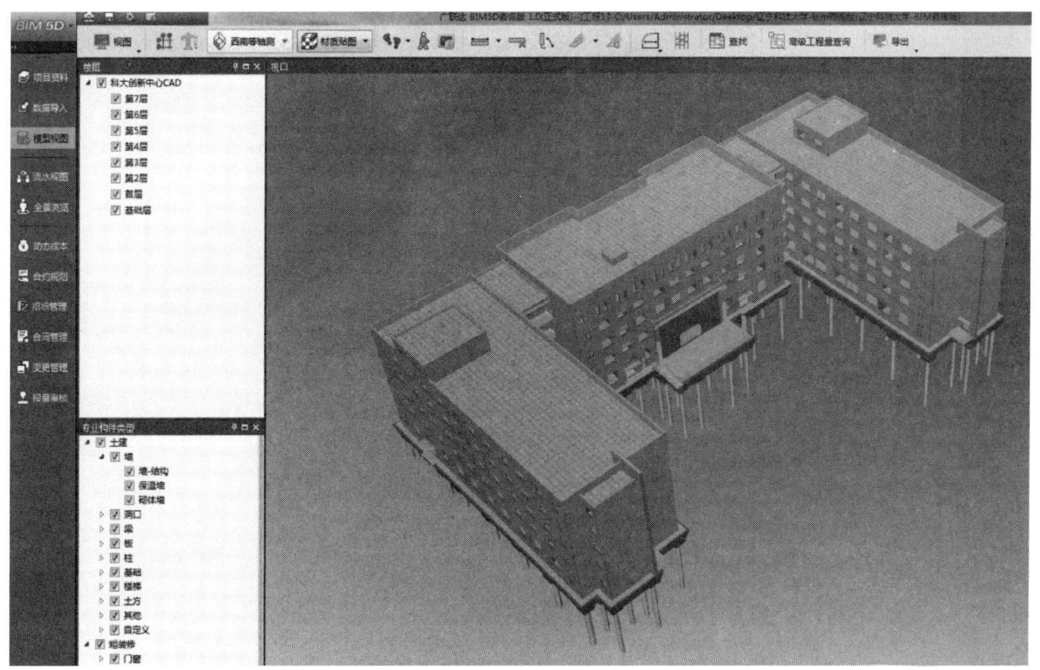

图 11-10　模拟视图

（十）资料管理

传统资料管理多方点沟通导致信息沟通遗漏和重复；紧急的审批复不及时，影响业务推进；工程周期长，过程文件存档不及时，人员变动大，结果资料归档不完整，导致后续的结算索赔无依据。搭建多方沟通平台，利用 BIM 技术资料管理，将资料上传云端，协同方式管理，有效地改善信息沟通方式，消除信息不对等，避免资料遗失，提高沟通效率（图 11-11）。

图 11-11　资料管理

（十一）人才培养

辽宁科技大学本身设置了土木工程相关学科，通过项目对在校学生进行了 BIM 技术素质拓展训练，将产学研结合起来，整体提升学院土木系老师的技术水平。该项目在 2019 年辽宁省第一届 BIM（建筑信息模型）技术应用大赛中所在团队成绩优异，荣获院校组三等奖。

六、体会与心得

本项目历时一年多，在项目的参与过程中，工作人员付出了很多的汗水和努力，在实践过程中也得到一些深刻的体会：

（1）就传统模式而言，做好建设工程成本管控重点是要解决成本预测阶段数据不准确、时间紧、任务重、人员少等问题，引入 BIM 技术能够在一定程度上缓解这类问题，更直观立体展示施工过程，对成本管控起到至关重要的作用。

（2）通过 BIM 建模进行无纸化图审，以三维模型碰撞对比取代了传统的二维图纸校审，大大提高了图审效率及精确率，更大限度上减少因图纸问题产生的误工和返工而带来工程成本增加和工期延误，本项目最终如期竣工验收。项目开创了辽宁省学校施工应用 BIM 技术的先河，在过程中形成切实可行的 BIM 实施方法，积累形成学校内部大数据库。

（3）结合当前成本控制模式的不足，以成本控制手段为突破口，构建了基于 B1M 的成本动态控制模式。BIM 技术的面向实体对象、集成过程信息等特性，弥补了面向数据的成本控制系统的不足，能够更好地满足成本动态控制的需求，在成本控制过程中有巨大的优势。基于 BIM 技术可实现最新、最准确、最完整的项目信息协同管理，项目参与各方基于 BIM 协同管理平台开展工作和信息沟通，可大大提高信息沟通效率，提升项目管理水平。

(4) BIM5D 精细化管理需从设计阶段开始介入，与招标同步开展，对于计量对量方式应用合同界面进行约束。基础设计阶段模型应满足 BIM5D 模型精度、细度要求。以 3D 模型为载体，以进度为主线，以成本为核心，构建 BIM5D 信息模型，并融合满足成本控制 7 大需求的成本控制功能。

(5) BIM 与 VR 相结合，在解决机电管线、钢模板及预埋件的施工难题方面有巨大的优势，可以更直观地体现工程建设过程和三维模拟演练，帮助企业为项目实施带来便利。

由于项目的特点以及在 BIM 应用的经验不足，回顾项目 BIM 应用的整个实施过程，我们认为还有以下不足的方面，期待在以后的工作中加以完善：

(1) 项目在 BIM 的应用过程中发现，大量的 BIM 应用围绕着前期设计，而施工可以实施的应用点相对较少。

(2) 本文的研究是以 BIM 技术为主体进行的，然而在“互联网+”时代，将 BIM 技术与大数据、云计算、物联网、智能设备等技术相结合进行综合应用，必将更进一步促进项目成本的集约化和精益化管理，非常值得研究。

本文作者：

李国军　工程硕士、副教授、辽宁科技大学后勤与基建管理处处长、国家项目—大学生工程训练及创新中心建设总监